Jonathan Sierck

JUNGE ÜBERFLIEGER

Jonathan Sierck

JUNGE ÜBERFLIEGER

Millennials – eine Generation auf der Erfolgsspur

REDLINE | VERLAG

Bibliografische Information der Deutschen Nationalbibliothek:
Die Deutsche Nationalbibliothek verzeichnet diese Publikation in der Deutschen Nationalbibliografie; detaillierte bibliografische Daten sind im Internet über **http://d-nb.de** abrufbar.

Für Fragen und Anregungen:
lektorat@redline-verlag.de

1. Auflage 2017

Nymphenburger Straße 86
D-80636 München
Tel.: 089 651285-0
Fax: 089 652096

Redaktion: Desirée Šimeg, Stadtbergen
Umschlaggestaltung: Laura Osswald, München
Umschlagabbildung: Shutterstock/ace03, Chris Tall/Robert Masche, Lencke Steiner/Lencke Steiner, Sophia Thiel/Sophia Thiel, Joshua Kimmich/Getty Images, Sebastian Kurz/Dominik Butzmann, Delia Fischer/Delia Fischer/Westwing
Bildteil innen: Philipp von der Wippel: Nicolas Kleenworth, Fee-Gloria Grönemeyer: Astrid Stawiarz/Getty Images, Kontra K: NC Photography, Philipp Stein: Torsten Zimmerman, Andreas Wolff: Sascha Klahn, Sophia Thiel: Sophia Thiel, Andreas Kunze: KONUX/ blende11 Fotografen, Sebastian Klussmann: ARD/Uwe Ernst, Dario Müller: Dario Müller, Lencke Steiner: Lencke Steiner, Delia Fischer: Delia Fischer/Westwing, Sebastian Kurz: Dominik Butzmann, Joshua Kimmich: Getty Images, Conrad Caine: Conrad Caine/Possible, Paula Schwarz: Paula Schwarz, Jannike Stöhr: Schick-Magazin
Satz: Carsten Klein, München
Druck: GGP Media GmbH, Pößneck
Printed in Germany

ISBN Print 978-3-86881-683-9
ISBN E-Book (PDF) 978-3-86414-979-5
ISBN E-Book (EPUB, Mobi) 978-3-86414-980-1

Weitere Informationen zum Verlag finden Sie unter

www.redline-verlag.de

Beachten Sie auch unsere weiteren Verlage unter www.m-vg.de

»Es kommt nicht auf den Kritiker an; nicht auf den Mann, der erklärt, warum der starke Mann gestrauchelt ist oder wie ein Mann der Tat es hätte besser machen können. Die Ehre gebührt dem, der tatsächlich in der Arena steht, dessen Gesicht mit Staub und Schweiß und Blut verschmiert ist; der tapfer strebt; der sich irrt, wieder und wieder scheitert, weil es kein Fortkommen ohne Irrtum und Fehler gibt; der sich tatsächlich bemüht, das Nötige zu tun; der den großen Enthusiasmus und die wahre Hingabe kennt; der für eine Sache, die es wert ist, alles gibt; der im besten Falle schließlich den Triumph einer großen Leistung kennenlernt und im schlimmsten Fall scheitert, weil er Großes gewagt hat, sodass sein Platz niemals bei den kalten, furchtsamen Seelen ist, die weder Sieg noch Niederlage kennen.«

Theodore Roosevelt[1]

1 Auszug aus seiner Rede »Citizenship in a Republic« an der Sorbonne in Paris am 23. April 1910.

Für Dr. John Demartini, der mich im richtigen Augenblick inspiriert und mein Denken und meine Sichtweise nachhaltig geprägt hat.

Danke, John!

INHALT

»VOLARE, OH OH ...«

VORWORT VON EMILIO GALLI-ZUGARO

Keel, eine Rockband, sang einmal: »So many girls, so little time.« Ich lese leidenschaftlich gerne und habe bei Weitem noch nicht alle Bücher meiner eigenen Bibliothek gelesen. Da wird man wählerisch bei zusätzlicher Lesearbeit: »So many books, so little time.« Ein gutes Buch sollte unterhaltend sein, einem etwas beibringen oder Gefühle wecken, ein Sujet haben, das einen interessiert. Kann das ein Buch über Überflieger leisten? Ein Buch über ... Musterschüler, junge Streber, mit Glück gesegnete, erfolgreiche Menschen? Das Sujet ist attraktiv: Wie lautet die Formel des Erfolgs? Insbesondere des Erfolgs derjenigen, die es schon früh geschafft haben, Spuren zu hinterlassen. Ist es eine Disziplin für Zaungäste oder kann der Betrachter aus den Rezepturen des Erfolgs lernen und sie anwenden, das Buch mit ins eigene Leben nehmen?

Ein Handbuch für junge Menschen, *erfolgreiche* Kids zu werden, ist dieses Buch nicht. Dazu machen die befragten Erfolgsmenschen allzu klar, dass es *das* geheime Rezept für alle nicht gibt. Bei sich selbst zu sein und seinen eigenen Weg zu gehen, ist das, was uns die von Jonathan Sierck befragten Protagonisten mit auf den Weg geben. Das kann man allerdings nicht einfach anwenden, wenn man nicht weiß, wer man selbst ist und wonach man strebt, aber zumindest lenkt es das Augenmerk auf die Notwendigkeit einer eigenen Standortbestimmung und das ist sicherlich nützlich für den interessierten und nachahmungswilligen Leser.

Wenn man sich aber auf die Geschichten der hier beschriebenen Menschen einlässt, auf die Betrachtungen und Beobachtungen des Autors, kann man noch mehr mitnehmen als »Nutzwert«. Auf jeden Fall kann man Mut schöpfen. Was nämlich klar wird: Nicht jeder kann alles werden, aber alle können besser werden. Denn in den Geschichten der Überflieger, in denen der Tiefflieger, die mindestens einmal gescheitert sind, und denen der Mentoren junger Talente stecken Erkenntnisse moderner Forschung aus Psychologie und Neurowissenschaften sowie aus dem aktuellen Stand der Führungspraxis und -forschung. Erfolg ist nicht genetisch oder gottgegeben. Man kann sein Gehirn trainieren, man kann seine Leistung bewusst steigern. Damit dieses Prinzip von einer Öffentlichkeit verstanden wird und wirkt, ist es wichtig, dass man nicht »im Abstrakten« bleibt, sondern dass der Leser dafür Geschichten bekommt. Geschichten von denen, die das Beste aus sich gemacht haben.

Das macht das Buch glaubwürdig, denn diese Protagonisten sind Menschen mit Namen und Nachnamen und sie stellen sich damit dem Wahrheitstest. Der Autor geht dieses Risiko ein, denn er begegnet den Biografien dieser Menschen mit genuiner Neugier und Offenheit und weniger mit der akademischen Recherche des Forschers oder der zugespitzten Feder des Journalisten. Damit erleben wir diese Menschen; sie stehen und sitzen vor uns und wir können uns unseren eigenen, erwachsenen Reim auf ihre Schicksale machen, diskret begleitet von der redlichen Neugier des Autors, mit seinen eigenen Erfahrungen als jungem Überflieger, die er übrigens nie in den Mittelpunkt stellt. Er nimmt sich erfrischend selbst zurück, aber er lässt uns an seinen Meinungen und seinem Wissen teilhaben.

Damit lüften die Darsteller in *Junge Überflieger* ihre persönlichen Geheimnisse für Erfolg und stellen dabei nicht nur individuelle und unerreichbare Ausnahmeerscheinungen dar, sondern eine Fundgrube der Inspiration für ein erfüllteres (Arbeits-)Leben. Sie lassen dem Leser keine Ausrede mehr, sich nicht auf den Weg zu begeben, der eigenen Berufung und Bestimmung nachzugehen, ob Alt oder Jung, Überflieger oder nicht. Daraus werden »alte Durchschnittsbürger« weder jung noch Überflieger, aber womöglich besser und zufriedener. Vielleicht animiert es erfolgreiche und erfahrene Menschen, Mentoren zu werden und anderen zu helfen. Und wem dieser Anspruch zu hoch trabt, der hält trotzdem ein Buch in der Hand, das einem Freude am Lesen gibt. Auch wenn man noch wenig Zeit hat.

Emilio Galli-Zugaro, Autor von *The Listening Leader*, im Juli 2017

DIE MACHT DES POSITIVEN BEISPIELS

Es gibt wenige Dinge, die uns derart inspirieren und zum Handeln motivieren können, wie andere Menschen, die alles für ihren Traum geben und tun, was sie für sich als gut und richtig erkannt haben. Zu sehen, wozu andere durch Willen und Einsatz fähig sind, entfacht den Glauben in uns, Ähnliches leisten zu können. Es hieß zum Beispiel lange Zeit: Es ist unmöglich, eine Meile unter vier Minuten zu laufen. Als die erste Person es geschafft hat, schafften es plötzlich auch viele weitere.

Weil ich oft selbst erleben durfte, welche Auswirkungen ein positives Beispiel auf das eigene Verhalten haben kann, habe ich es fast schon als meine Pflicht gesehen, dieses Buch zu schreiben.

Als Jugendlicher wollte ich – wie so viele andere Jungs in meinem Alter – Fußballprofi werden. Alle jungen begeisterten Fußballer verbindet, dass sie Vorbilder haben; sie eifern ihren Idolen nach. Wenn unser Trainer uns erzählte, dass diejenigen, die den großen Sprung geschafft hatten, härter trainierten als ihre Konkurrenz, auch am Wochenende früh schlafen gingen und sich gesund ernährten, dann konnte er sicher sein, dass jeder von uns, der es ernst meinte, es ab sofort genauso machen würde. Ich kann mich noch heute an den genauen Wortlaut dieser Ansprachen erinnern; weiß noch genau, was ich aus den Biografien von David Beckham, Zinedine Zidane, Pelé, Stefan Effenberg und Michael Ballack gelernt habe. Zum Beispiel:

> »Wenn ich anfange, mich für den Besten zu halten, nehme ich mir selbst die Chance, besser werden zu können. Wenn ich aufgebe

und nicht dazu bereit bin, alles für meinen Traum zu geben, werde ich ihn nicht erreichen. Der Glaube an mich selbst, auch wenn niemand anders an mich glaubt, macht den feinen Unterscheid aus.«

Ich hätte sogar täglich Schnecken gegessen, wenn Zidane das als seinen Schlüssel zum Erfolg identifiziert hätte. Als es mal nicht so lief, musste ich immer an Michael Jordan denken, der aus seiner Highschool-Basketballmannschaft aussortiert worden war und rückblickend sagte:

»Ich habe in meiner Karriere 9000 Würfe daneben geworfen. Ich habe fast 300 Spiele verloren. 26 Mal wurde mir der alles entscheidende Wurf anvertraut – und ich habe ihn verfehlt. Ich habe immer und immer wieder versagt in meinem Leben, und daher war ich so erfolgreich.«

Als ich mich mit 17 Jahren, parallel zum Studium, selbstständig machte und anfing Vorträge und Schulungen für Universitäten, Unternehmen und Forschungseinrichtungen anzubieten, wurde ich wegen meiner Jugendlichkeit oft belächelt. Als ich mit 18 Jahren das erste Mal vor Vorständen eines größeren Unternehmens sprechen durfte, saßen diese mir eine geschlagene Stunde lang mit verschränkten Armen gegenüber, die Brille auf die Nasenspitze gerückt und auf ihrer Stirn stand fett geschrieben: »Was will der Jungspund mir denn bitte erzählen?« Lange hatte ich mit dem Glaubenssatz zu kämpfen, ich wäre zu jung, um Erfolg haben zu können.

Ich erzählte einem meiner Mentoren davon, und er gab mir daraufhin einen der wertvollsten Ratschläge meines Lebens:

»Nimm dich selbst nicht allzu ernst. Richte deinen Fokus immer auf den Wert, den du bieten kannst, und auf das, was du vermittelst, und nicht auf dich selbst. Es gibt genügend andere junge

Menschen, die schon früh geniale Dinge auf die Beine gestellt haben und sich nicht aufgrund ihres Alters oder aus einem anderen Grund beirren ließen. Schau dir an, wie sie es gemacht haben und dann mach es genauso!«

Seit diesem Gespräch im Januar 2013 suchte ich nach jungen Menschen, die in ihrem Feld schon sehr früh Beachtliches geleistet hatten, große Verantwortung übernahmen, sich für das Gemeinwohl einsetzten, schwierige Phasen meisterten und trotz Rückschlägen ihren Weg gingen. Ich wollte wissen, was sie ausmacht, was sie denken und welche Überzeugungen sie haben, was sie antreibt, wie sie mit Tiefs und Kritik umgehen, wie sie arbeiten und wie sie als Person sind.

Egal ob es sich um lebende Personen handelte oder nicht, ich war auf einmal wie besessen davon, herauszufinden, was diese »jungen Überflieger« ausmachte und was ich von ihnen lernen konnte. Von Mozart über Einstein, Thomas Mann und Bobby Fischer bis hin zu den erfolgreichsten jungen Menschen der heutigen Zeit, interessierte mich die Antwort auf folgende Frage: Wie sind diese Personen an den Punkt gekommen, an dem sie heute stehen beziehungsweise für den wir sie immer in Erinnerung behalten werden? Ihre Lebenswege und ihre Handlungsmotive genauer zu verstehen, dient mir bis heute als große Inspirationsquelle.

Bald merkte ich, dass es auch viele andere Leute interessiert, die Geschichten erfolgreicher junger Menschen aus unterschiedlichen Bereichen zu hören. Noch wichtiger: Mir fiel auf, dass junge Menschen, denen eine klare Richtung fehlte, durch die vielen positiven Beispiele offenbar bessere Orientierung, mehr Mut oder einen anderen Antrieb erhielten. Als zudem die Millennial Question[1] vor allem durch Simon

1 Wie kommt es, dass die Generation Y (geboren nach 1984) schwer zu motivieren ist, so hohe Ansprüche stellt, ohne vorher Ergebnisse und Leistungen vorweisen zu können, stellenweise unrealistische Erwartungen hegt, immer den Sinn hinterfragt und oft nur schwer in die Gänge kommt?

Sinek zunehmend an Beachtung gewann, die Generation Y immer kritischer beäugt wurde und ich aus unterschiedlichsten Quellen hörte, dass sich junge Leute heutzutage immer schwerer tun, zu entscheiden, was sie aus ihrem Leben machen wollen und ihnen oftmals eine klare Richtung fehlt, wusste ich: Die Zeit war reif, ein größeres Projekt über junge Überflieger und positive Beispiele aus der Generation der Millennials auf die Beine zu stellen.

Als Jahrgang 1993 gehöre ich selbst der Generation Y an und weiß aus eigener Erfahrung, was es bedeutet, durch die Vielzahl an Möglichkeiten, die das 21. Jahrhundert bietet, in eine Handlungsstarre zu verfallen. Die Ursache ist leicht auszumachen: Man will einerseits nicht den konventionellen Weg gehen, sondern etwas Bedeutsames tun. Andererseits fehlt eine klare Vorstellung davon, wie man vom reinen Träumen dazu kommt, seinen Traum auch wirklich zu leben.

Also stellte ich mir zuerst die Frage, womit junge Menschen gerne ihr Arbeitsleben verbringen würden, um sagen zu können: »Ich konnte meine Fähigkeiten zum Ausdruck bringen, habe Sinn und Bedeutung in meinem Tun gefunden, konnte einen wertvollen Beitrag leisten und würde es wieder so machen, wenn sich die Chance dazu ergäbe.«

Ich suchte in verschiedenen Bereichen nach jungen Überfliegern, etwa Politik, Sport, Wirtschaft, Wissenschaft, Mode, Blogging, Gastronomie, Musik, Fernsehen, Sozialunternehmertum, Schriftstellerei und Journalismus, Fotografie sowie Entertainment. Überall ließen sich problemlos Menschen finden, die den Glaubenssatz »Ich bin zu jung, um in meinem Gebiet erfolgreich zu sein« durch ihren eigenen Werdegang eindrucksvoll widerlegt haben. Das war ein entscheidendes Kriterium bei der Auswahl: den Mut aufzubringen, trotz Unerfahrenheit in den eigenen Traum zu investieren, trotz kritischer Stimmen und Rückschlägen weiterzumachen und deshalb als Vorbild zu dienen. Ich erstellte eine Liste mit Kandidaten, die ich persönlich als Vorbild einstufte, und befragte Menschen verschiedener Altersgruppen, wer im deutschsprachigen Raum ihre größten Vorbilder seien, die nach 1984 geboren wurden. Die Deckungsgleichheit war erstaunlich hoch und so begann ich, alles daran zu setzen, diese Persönlichkeiten für mein Projekt zu begeistern, sie persönlich zu treffen und mich mit ihnen auszutauschen.

In Teil 1 geht es um die Geschichte der jungen Überflieger, die darin auch selbst zu Wort kommen. Ich werde Zusammenhänge und Gemeinsamkeiten ausarbeiten, Unterschiede hervorheben und abschließend die Frage aufgreifen, ob es überhaupt sinnvoll ist, von einem Weg der jungen Überflieger zu sprechen, und falls ja, wie sich dieser skizzieren ließe.

Doch nicht jeder, der sein Herz in die Hand nimmt und hart für seinen Traum arbeitet, wird diesen auch verwirklichen können. Misserfolg ist deutlich gängiger als der große Wurf. Die wahrscheinlichste Prognose lautet: Es wird vermutlich nicht klappen. Doch genau das macht den Reiz aus, oder? Was es heißt zu scheitern und wie wir lernen können, damit umzugehen, wird Thema des zweiten Teils sein.

Ein Aspekt, der viele erfolgreiche Menschen verbindet – egal ob Alt oder Jung: Sie hatten jemanden, der sie inspiriert und gefördert hat; der an sie glaubte, eigene Erfahrungen mit ihnen teilte und sie antrieb, sich immer noch ein bisschen mehr für das große Ziel zu strecken. Natürlich gibt es auch Fälle, in denen gerade die Abwesenheit einer Leitfigur zu einem großen Antrieb wurde und zu mehr Beständigkeit führte – dennoch können wir alle von Menschen lernen, die ihren Weg bereits weitgehend erfolgreich gegangen sind und vielen anderen auf ihrer Reise geholfen haben, ebenfalls voranzukommen. In Teil 3 greife ich deshalb das Thema Mentorship auf.

Wer sich aber erhofft, ein Patentrezept für den großen Erfolg in jungen Jahren in diesem Buch zu finden, und nach dem schnellsten und einfachsten Weg sucht, wird bei der Lektüre vermutlich enttäuscht.

Denn eine simple Anleitung gibt es nicht. Doch ich meine, etwas Wertvolleres zu bieten: Eine Schatzkammer voller Erfahrungen, voller Einblicke und Impulse von Menschen, denen es ein Anliegen ist, andere zu inspirieren und durch ihre Perspektive zu bereichern. Aus dieser Schatzkammer darf ohne Skrupel geplündert werden.

1. WAS IST EIGENTLICH ERFOLG?

»Erfolg ist kein Glück, sondern nur das Ergebnis von Blut, Schweiß und Tränen.«

Kontra K

Es wäre einfach, zu sagen: Joshua Kimmich wurde Deutscher Meister, Sebastian Kurz ist Außenminister von Österreich, Kontra K stand an der Spitze der Charts, Delia Fischer baute ein Unternehmen mit über 1500 Mitarbeitern auf, Chris Tall gewann den RTL-Comedy-Grand-Prix, Andreas Wolff wurde Handball-Europameister, Sophia Thiel hat ein siebenstelliges Following auf allen großen Social-Media-Kanälen. Daher müssen sie alle zwangsläufig erfolgreich sein – vor allem weil ihnen das schon vor ihrem 30. Geburtstag gelungen ist. Es wäre einfach, zu behaupten, es gäbe eben immer ein paar Glückliche, denen Talent, Wohlstand oder Reputation in die Wiege gelegt wurden und die deshalb erfolgreich durchs Leben gehen. Doch das wäre zu kurz gegriffen.

Ebenso könnte ich schreiben: Joshua Kimmichs Karriere beim VfB Stuttgart geriet ins Stocken, Sebastian Kurz führte das Ranking des unbeliebtesten Politikers in Österreich an, Kontra K sicherte sich durch Überfälle sein Abendessen, Delia Fischer war nach ihrem ersten Investorentermin ziemlich geknickt, Chris Tall versagte bei einem großen Auftritt, Andreas Wolff wurde in der Jugend mehrfach vom Trainer in die Kabine geschickt, Sophia Thiel wollte sich nie im Bikini zeigen. Sie sind wohl alle doch nicht so erfolgreich. Doch auch das wäre eine eindimensionale Darstellung, die keinem Menschen gerecht wird.

Was wir unter Erfolg verstehen, sagt viel über uns, unsere Weltsicht und unsere Überzeugungen aus. Wenn jemand sagt, er wolle im Leben erfolgreich werden, dann liegt es nahe, ihn zu fragen, was das für ihn heißt. Wer hierauf eine klare Antwort geben kann, ist dem Erfolg bereits sehr viel näher, als jemand, der sich schnell in Floskeln verliert oder mit den Achseln zuckt. Der nach Erfolg Strebende muss diesen greifbar machen und in Worte fassen können; er muss genau wissen, was er will – eine große Stärke der jungen Überflieger. Ein Ziel, das man nicht sehen kann, lässt sich bekanntlich nicht treffen.

Spätestens seit Napoleon Hill, der die Erfolgsbibeln *Think and Grow Rich* sowie *The Law of Success* auf den Markt brachte, die sich über 100 Millionen Mal weltweit verkauften, witterten zahlreiche Geschäftsleute, Autoren, Vortragsredner und auch Scharlatane ihre Chance und stampften *das* ultimative Erfolgsrezept für jedermann aus dem Boden – das behaupten sie zumindest in ihren Slogans, auf Klappentexten, in Werbevideos und bei vielen anderen Gelegenheiten, die sich ihnen bieten. Aber: Ist jeder, der ein Buch über den Weg zum Erfolg gelesen hat, nun wirklich erfolgreich? Ist jeder ein Millionär, der die Bücher von Napoleon Hill gelesen hat? Gibt es mehr zufriedene Menschen, weil sie nun endlich haben, was sie am meisten wollten?

Bei allen Gesprächen für dieses Buchprojekt herrschte sofort Einigkeit hinsichtlich der folgenden zwei Aspekte:

1. **Nur wer genau weiß, was er will, kann in seinem Bereich besonderen Erfolg erzielen.** Das mag wie eine Binsenweisheit klingen, aber offensichtlich liegt hier noch einiges im Argen. Wenn es tatsächlich jeder weiß, wie kommt es dann, dass so viele Menschen ins Stottern geraten, wenn sie in Worte fassen sollen, was sie wirklich wollen? Wieso ist die Beantwortung dieser scheinbar so simplen Frage so unendlich schwer?
2. **Erfolg sieht für jeden Menschen anders aus; er ist subjektiv und relativ.** Das leuchtet sofort ein, wenn wir uns die Frage stellen, was

> der Begriff »Erfolg« bedeutet und wie er genutzt wird, statt einfach nur Beispiele für Erfolg zu nennen: Von Erfolg war ursprünglich dann die Rede, wenn ein bestimmtes Ergebnis durch eine Handlung erfolgt ist. Letztlich nichts anderes als eine Kausalität: Durch eine Ursache erfolgt eine Wirkung. In der Zeit der Industrialisierung wurde Erfolg zunehmend mit messbaren Resultaten gleichgesetzt; der Begriff war demnach mehr oder weniger objektiv und wertfrei. Wurde viel produziert und die Resultate stimmten, konnte getrost von Erfolg gesprochen werden. Vor diesem Hintergrund wurde Erfolg zunehmend mit dem Erreichen von Zielen, sowohl auf persönlicher wie auch auf gesellschaftlicher Ebene, gleichgesetzt. Da wir jedoch zum Teil sehr unterschiedliche Ziele verfolgen, liegt es auf der Hand, dass wir auch voneinander abweichende Vorstellungen von Erfolg haben und ihn unterschiedlich definieren.

Der enge Zusammenhang zwischen Erfolgen und Zielen führt automatisch zu der Frage, welche Art von Ziel erreicht werden muss, um von Erfolg sprechen zu können. Wer sagt, er wolle erfolgreich sein, wird sich vermutlich kaum damit zufriedengeben, ein kleines Tagesziel, wie eine Runde laufen gehen, erfolgreich bewältigt zu haben.

Es stellt sich auch die Frage: Wenn dieses Ziel, das uns erfolgreich macht, nun erreicht wurde, was dann? Sind wir dann in diesem Leben bereits erfolgreich, oder kann Erfolg vergänglich sein? Und was machen wir, wenn wir sagen, dass unser höchstes Ziel im Leben darin besteht, erfolgreich zu sein und wir das schaffen, was wir mit Erfolg gleichsetzen? Was treibt uns dann noch an? Wofür stehen wir noch auf?

Unanfechtbar ist: Was wir unter Erfolg verstehen, wirkt sich auf unser Verhalten und unsere Gefühle aus. Mein Mentor Dr. John Demartini berichtete mir, dass er ständig von Personen, Unternehmen und sogar Regierungen kontaktiert wird, die ihn bitten, mit ihnen daran zu arbeiten, zukünftig mehr Erfolg zu haben. John fragt dann gerne, was genau damit gemeint ist, was genau erreicht werden muss, um von »mehr Erfolg« zu sprechen. Unabhängig von der Antwort wählt er dann ein interessantes Verfahren. Er fragt die Person: »Wo sind Sie denn bereits erfolgreich?« Daraufhin bekommt er oft zu hören: »Nein, nein, Dr. Demartini, Sie verstehen nicht. Ich bin nicht erfolgreich, deswegen will ich doch von Ihnen lernen, wie ich das ändern kann.« John erwidert darauf, dass er die Person sehr wohl verstehe und deshalb frage, worin sie bereits erfolgreich sei. Nach kurzem Hin und Her erklärt er dann, dass jeder Mensch in irgendeinem Bereich bereits Erfolge vorzuweisen hat und auch durchaus als erfolgreich angesehen wird. Was jedoch vor allem in unserer westlichen Weltanschauung schnell passiere, sei, dass wir uns mit jemandem vergleichen, der mehr Erfolg in einem bestimmten Bereich zu haben scheint. Dadurch verlören wir den Blick für das, was uns bereits gut gelungen ist.

Der Vergleich mit anderen kann die größte Hürde auf dem Weg zum Erfolg sein. Wir müssen klar zwischen dem eigenen und dem Erfolg anderer unterscheiden.

Die bedeutende Rolle des anderen fällt ebenfalls ins Gewicht, wenn jemand bei der Frage »Was willst du im Leben, was ist dir am wichtigsten?« zögert. Das passiert nämlich nur aus Angst, die falsche Antwort zu geben, weil derjenige glaubt, dass es eine »richtige« Antwort darauf geben muss. Unsicherheit und zögerliches Handeln sind die logischen Konsequenzen.

Dabei spielen andere Menschen für den subjektiven Erfolg erst einmal keine Rolle. Da wir uns und unseren Erfolg jedoch allzu gerne an unserem Umfeld messen und gerne von außen beurteilt wird, ob eine Person erfolgreich ist, stellt sich die Frage nach objektiven Maßstäben für Erfolg. Dabei spielen zweifelsohne die Werte einer Gesellschaft eine große Rolle. Status und Wohlstand werden beispielsweise in Mitteleuropa häufig als Gradmesser für Erfolg genutzt. Junge Leute hingegen messen den Erfolg anderer oft an der Anzahl von Followern auf Instagram, Snapchat, Twitter, Youtube oder Facebook. Im Sport wird Erfolg an Siegen, Trophäen und Medaillen festgemacht. Doch macht das alleine schon Erfolg aus? Wie gefährlich eine solche Einstellung für den eigenen Erfolg sein kann, sehen wir gleich. Wer sich selbst hohe Maßstäbe setzt, unbeirrt danach strebt, diese zu erreichen, und sich nicht durch den Sturm der vielen Stimmen aus der Bahn bringen lässt, ist aus subjektiver Sicht erfolgreich, weil er seinen Weg konsequent geht, und für Außenstehende ebenfalls, weil er sich treu bleibt.

ZWEI ARTEN DES LERNENS

Ob wir Erfolg haben, hängt eng damit zusammen, wie wir lernen. Besonders in der heutigen schnelllebigen Welt ist die Art des Lernens für den weiteren Weg entscheidend, weil sie unseren Umgang mit schwierigen Phasen und Rückschlägen beeinflusst.

Dr. Carol Dweck, Psychologieprofessorin an der Stanford-Universität unterscheidet zwischen Personen, die einer Entitätstheorie und Personen, die einer Prozesstheorie von Intelligenz im Zusammenhang mit dem Lernen folgen. Das Umfeld hat laut Dweck einen großen Einfluss darauf, welcher Sichtweise wir den Vorzug geben.

- Wer der Entitätstheorie anhängt, glaubt, es entspringe seinem Wesen beziehungsweise seiner Entität, ob er etwas gut kann oder nicht. Seiner Auffassung nach lässt sich daran nicht viel rütteln. Aussagen wie »Ich bin besonders gut darin« oder »Das kann ich einfach nicht« sind Paradebeispiele für diese Sichtweise. Das eigene Können, das eigene Intelligenzlevel wird als eine statische Entität gesehen, die sich nicht weiterentwickeln kann.
- In der Prozesstheorie wird die Ansicht vertreten, dass durch Einsatz, Fleiß, richtiges Training und harte Arbeit auch anspruchsvolle

Fertigkeiten und Hürden gemeistert werden können. Aussagen wie »Übung macht den Meister«, »Durch das richtige Training kann man deutlich besser werden« oder »Fortschritt ist ein Prozess« sind gängige Glaubenssätze dieser Sichtweise.

In ihren Forschungen und empirischen Tests fand die Psychologieprofessorin heraus, dass vor allem junge Leute, die an die Entitätstheorie glauben, viel schneller aufgeben, wenn sie herausgefordert werden. Die Wahrscheinlichkeit ist deutlich höher, dass ein Prozesstheoretiker über sich hinauswächst, weil er belastbarer und ausdauernder ist. Wer Erfolg mit Einsatz in Verbindung bringt, wie es in der Prozesstheorie der Fall ist, hegt den Anspruch an sich selbst, eine Sache meistern und überwinden zu wollen, auch wenn sie besonders schwierig ist. Wer sich selbst hingegen in einer Sache entweder als gut oder schlecht, clever oder geistig begrenzt betrachtet, sieht sich in kritischen Situationen oft als hilflos und überfordert.

Eine von Dwecks Studien zu diesem Thema war besonders aufschlussreich. Sie interviewte die jungen Probanden zuerst, um herauszufinden, welcher der beiden Theorien sie angehören. Dann stellte sie allen Teilnehmern leichte Mathematikaufgaben, die jeder problemlos lösen konnte. Im Anschluss daran sollten sie Aufgaben lösen, die zu schwierig waren. Bereits zu diesem Zeitpunkt machte sich ein deutlicher Unterschied der beiden Gruppen bemerkbar. Obwohl die Aufgaben von niemandem gelöst werden konnten, fühlten sich die Entitätstheoretiker entmutigt, während die Prozesstheoretiker die Herausforderung aufregend fanden. Die Entitätstheoretiker sagten sich: »Hierfür bin ich einfach zu doof.« Die Prozesstheoretiker dachten: »Hier muss ich mich aber mächtig ins Zeug legen!«

Besonders aufschlussreich war jedoch der dritte Schritt, der die Auswirkungen des zweiten Schritts aufzeigte: Alle Teilnehmer bekamen nun wieder Aufgaben, die wesentlich einfacher zu lösen waren. Der Großteil der Prozesstheoretiker bewältigte sie mit Bravour. Die Entitätstheoretiker hingegen waren so demoralisiert, weil sie die schweren Aufgaben nicht hatten lösen können, dass sie auch die leichten Aufgaben nicht besonders gut hinbekamen. Ihr Selbstvertrauen war derart im Keller, dass es ihnen nicht möglich war, eine bereits gezeigte Leistung erneut abzurufen.

Interessant ist: Viele hochintelligente Menschen fallen in die Kategorie der Entitätstheoretiker und rufen schlechtere Leistungen ab als weniger begabte Personen, die als Prozesstheoretiker eingestuft werden. Manchmal sind es die talentiertesten und klügsten Menschen, die daran zerbrechen, wenn sie eine Aufgabe nicht bewältigen können, und von jemandem mit deutlich weniger Geschick übertroffen werden. Sie erholen sich nur schwer oder gar nicht von Rückschlägen und Niederlagen und verbauen sich nicht selten selbst eine aussichtsreiche Zukunft.

Ein enormes Problem für den Entitätstheoretiker entsteht dadurch, dass er Erfolg mit unmittelbaren guten Ergebnissen gleichsetzt. Der Weitblick fehlt völlig – einer der Hauptgründe, wieso die Erfolgsspur immer noch von wenigen genutzt wird. Mit Niederlagen und den unvermeidlichen Herausforderungen des Lebens geht der Entitätstheoretiker nicht sonderlich gut um, wie die beschriebene Studie gezeigt hat. Ein einmaliges Versagen in einem Feld, in dem man sich bislang als gut eingestuft hat, kann das Selbstvertrauen bis ins Mark erschüttern – und die Freude an der Sache geht verloren. Entitätstheoretiker, die zum Beispiel in einer Sportart in einem kleineren Verein spielen und gewohnt sind, dort stets der Beste zu sein, verlieren oftmals die Lust, wenn sie einem größeren Verein beitreten und feststellen müssen, dass es immer jemanden gibt, der ihnen ein Stück voraus ist. Ein Prozesstheoretiker weiß damit anders umzugehen: Er nimmt die Herausforderung an und gibt alles, um sich durchzubeißen.

Es sind unscheinbare Aspekte in unserer Erziehung, die einen großen Unterscheid ausmachen können. Eltern, Lehrer, Trainer und andere

Vorbilder spielen dabei eine zentrale Rolle. Wenn sie uns beispielsweise ausschließlich für unsere Ergebnisse anerkennen, kann das dazu führen, dass wir zu Entitätstheoretikern werden. Wenn wir eine gute Note erhalten, ein Spiel gewinnen oder ein zufriedenstellendes Ergebnis erzielen, heißt es: »Wunderbar gemacht! Ich bin stolz auf dich.« Aber wenn es dann einmal nicht läuft, eine Note schlecht ausfällt, ein Spiel verloren oder ein enttäuschendes Ergebnis erzielt wird, heißt es: »Was ist denn los mit dir? Dafür solltest du dich schämen!« Auf diese Weise werden Erfolg und Niederlage schnell mit reinem Können – einer in Stein gemeißelten Entität – gleichgesetzt.

Im Gegensatz dazu wurde jemand, der als Prozesstheoretiker gilt, schon früh an seinem Fortschritt und seiner Entwicklung anstatt dem reinen Resultat gemessen und erhielt entsprechendes Feedback. Manchmal kann uns eine Niederlage, die uns herausgefordert und an unsere Grenzen gebracht hat, weiter bringen als ein Erfolgserlebnis, das sich leicht bewerkstelligen ließ. »Gute Arbeit, du entwickelst dich super!«, »Leg dich nächstes Mal mehr ins Zeug, dann klappt es bestimmt wieder besser. Wenn du Unterstützung brauchst, lass es mich wissen.« – wohlwollendes Feedback dieser Art hilft dabei, Erfolg mit Einsatz in Verbindung zu bringen. Dadurch entsteht die Überzeugung, dass harte Arbeit auch gute Ergebnisse hervorbringt.

Eltern, Lehrer, Trainer und Vorbilder tragen eine große Verantwortung. Sie prägen die Art des Lernens von Kindern und Jugendlichen nachhaltig. Das heißt nicht, dass wir keine Eigenverantwortung tragen: Wir können uns in unserer Herangehensweise und unserer Art zu Lernen immer weiterentwickeln und es ist nie zu spät, einem Entitätstheoretiker die Prozesstheorie zu verschreiben. Junge Menschen können innerhalb weniger Minuten durch die richtigen Anweisungen ihren Lernansatz anpassen, was sich sofort in der Aufgabenbewältigung widerspiegelt. Das verdeutlicht, wie wichtig unsere Art des Lernens ist und wie sich die eigene Lerntheorie auf den weiteren Erfolg auswirkt. Wenn wir in einem bestimmten Bereich die höchsten Maßstäbe anstreben, gilt es, den langfristigen Fortschritt klar im Blick zu haben und zu bevorzugen, anstatt sich im Wohlgefühl des sicheren Mittelmaßes zu suhlen wie derjenige, der immer im kleinen Verein bleibt, um dort der Beste zu sein. Wer in einem bestimmten Bereich erfolgreich sein will, der tut gut daran, die Prozesstheorie im Hinterkopf zu behalten. Das ist nämlich eine Gemeinsamkeit der jungen Überflieger: Sie alle sind Prozesstheoretiker.

ERFOLG IST EINSTELLUNGSSACHE

Solange der eigene Erfolg von anderen definiert wird, resultiert daraus Frustration und der langfristige Erfolg bleibt aus. Der legendäre Basketballtrainer Mike Krzyzewski, auch Coach K genannt, lebt diese Einstellung seit über 35 Jahren an der Duke-Universität in North Carolina vor und trichtert sie all seinen Spielern ein. Er sagt, dass die Menschen in seinem Umfeld, andere Teams und vor allem die Presse stets darum bemüht sind, Erfolg und Scheitern für seine Mannschaft zu definieren. Erfolgreich sei er insbesondere, weil er bei diesem Spiel nicht mitmache und stets eigene Maßstäbe festlege. Für die Außenstehenden wird er an Siegen und Titeln gemessen. Für ihn persönlich besteht Erfolg aber vielmehr darin, dass seine Spieler sich weiterentwickeln, alles abrufen und ihr Herz auf dem Platz lassen (Prozesstheorie). Coach K predigt, dass niemand scheitern kann, der aufrichtig in den Spiegel blickt und weiß, dass er an seine Grenzen gegangen ist und alles gegeben hat – unabhängig davon, ob am Ende ein Sieg oder eine Niederlage zu Buche steht.

Der erste Schritt zum Erfolg besteht darin, ihn klar für sich zu definieren. Wer dabei schludert und auf äußere Stimmen setzt, hat erfolgreich ein Rezept für Misserfolg gefunden.

Wie sehr wir von unserem Umfeld geprägt sind und unser Glück sowie unseren Erfolg davon abhängig machen, zeigt ein Experiment der Cornell-Universität aus dem Jahr 2003. Auf die Frage, ob man lieber 100.000 Dollar im Jahr verdienen würde, wenn Nachbarn, Kollegen und Bekannte 80.000 Dollar verdienen, oder 150.000 Dollar, wenn bekannt ist, dass die Menschen im direkten Umfeld 200.000 Dollar Gehalt bekommen, hätte die Antwort nicht klarer ausfallen können. Die große Mehrheit wäre dazu bereit, auf 50.000 Dollar jährlich zu verzichten, um mehr zu verdienen als die Vergleichspersonen. Der Grund? »Ich will doch nicht schlechter dastehen und weniger Erfolg haben (im materiellen Sinne) als die Menschen, mit denen ich ständig zu tun habe.«

In Kapitel 2 wird es um den Einfluss von Umfeld und Erziehung gehen. Klar erkennbar ist bereits jetzt: Der Drang, sich und den eigenen Erfolg über andere zu definieren, kann erschreckend groß sein. Eine Frage, die wir uns demnach stellen müssen, lautet: Ist unsere Auffassung von Erfolg wirklich die unsere, oder haben wir sie von einer anderen Person übernommen? Diese Gefahr besteht insbesondere wenn wir zu jemandem aufschauen und das Gefühl haben, die Person sei deutlich weiter als wir selbst. Selten ändern wir unsere Sichtweise hinsichtlich Erfolg wegen jemandem, den wir als weniger erfolgreich als uns selbst betrachten.

Erfolg – egal welcher Art – lässt sich ausschließlich durch beständiges, konsequentes Handeln einstellen, was nur dann geschieht, wenn wir unseren eigenen Überzeugungen und Prioritäten treu sind. In seiner Eröffnungsrede an der Stanford-Universität hat Steve Jobs den Studenten diese Botschaft sehr klar mit auf den Weg gegeben:

> »Eure Zeit ist begrenzt, also vergeudet sie nicht, indem ihr ein fremdbestimmtes Leben führt. Hütet euch vor Dogmen, denn das heißt nichts anderes, als sein Leben an den Ansichten anderer Leute auszurichten. Seht zu, dass der Lärm fremder Meinungen

nicht eure innere Stimme übertönt. Und vor allem: Habt den Mut, eurem Herzen und eurer Intuition zu folgen. Die beiden wissen schon, was ihr wirklich werden wollt. Alles andere ist sekundär.«

WANN IST DER MENSCH ALSO ERFOLGREICH?

Die jüngeren Generationen (in der westlichen Welt) haben oft einen breiteren Erfolgsbegriff, weil es ihnen um mehr als die Karriere und den materiellen Wohlstand geht. Das ist vor allem der Fall, weil durch die früheren Generationen und deren Arbeit viele Sicherheiten gewährleistet sind und die Jüngeren dadurch den Luxus genießen, weitestgehend selbstbestimmt über den weiteren Weg entscheiden zu dürfen, ohne sich über andere, existenziellere Pflichten den Kopf zerbrechen zu müssen. Der Lifestyle, die Lebensqualität und die Sinnhaftigkeit ihres Tuns sind für sie besonders wichtig. Sie wollen etwas Bedeutsames tun – einen Beitrag leisten, sich wohl in ihrer Haut fühlen und mit der Welt vernetzt sein.

Die Ansichten der unterschiedlichen sozialen Schichten variieren dabei ebenfalls. Andere Kulturen, Traditionen, Religionen führen zusätzlich zu anderen Perspektiven. In manchen Gesellschaften, wie in Japan, wird nicht einmal von subjektivem Erfolg gesprochen, weil es keine Bedeutung hat; in Amerika ist das Gegenteil der Fall. In gewissen Kreisen kann man nur als erfolgreich gesehen werden, wenn sich der Erfolg auf materieller Ebene widerspiegelt. Das führt automatisch dazu, dass Personen sich über ihr Hab und Gut definieren. Wayne Dyer fragt in seinen Büchern und Vorträgen stets sehr kritisch, wenn es um diesen Punkt geht: Wenn jemand sich über seinen Besitz identifiziert und das verliert, was er hat, was ist er dann noch?

In anderen Gesellschaften ist es durchaus möglich, als erfolgreich gesehen zu werden, ohne Geld in der Tasche zu haben.

Wie wäre jemand einzustufen, der sich zwar vor Geld auf dem Konto nicht retten kann, gleichzeitig jedoch geschieden ist, Kinder hat, die nicht mit einem reden wollen und von körperlichen Leiden geplagt ist, weil jegliches physisches Wohlbefinden dem monetären Erfolg untergeordnet wurde? Ist diese Person wirklich erfolgreich? Aus subjektiver Sicht womöglich schon; die meisten Außenstehenden würden das vermutlich anders sehen.

Gibt es allgemeine Maßstäbe für Erfolg oder ist die Definition rein subjektiv? Könnte ein Weiser, der unvoreingenommen auf uns Menschen blickt und sich nicht um Status, Wohlstand und rein materielle Güter schert, uns beobachten und beurteilen, wer erfolgreich ist und wer nicht? Ich möchte an dieser Stelle für zwei universale Erfolgsmerkmale plädieren, die in allen Gespräche mit den jungen Überfliegern bekräftigt wurden.

1. **Wachstum und Entwicklung.** Fortschritt und Weiterentwicklung in den Bereichen, die einem am wichtigsten sind, hängen mit Erfolg zusammen. Auch das Glücksempfinden wird dadurch nachweislich gesteigert. Zu merken, dass sich durch den eigenen Einsatz etwas tut und man besser wird, ist ein erfüllendes Gefühl. Im Umkehrschluss bedeutet das aber auch: Niemand kann erfolgreich sein, der nicht als Mensch wächst und sich weiterentwickelt. Der amerikanische Philosoph und Schriftsteller Ralph Waldo Emerson hat schon zu seiner Zeit richtig erkannt, dass das Menschenleben ein Fortschreiten ist. Wer kontinuierlich an sich arbeitet, dadurch vorankommt und in seinem Geschick besser wird, der würde – so meine Vermutung – auch von einem Weisen als erfolgreich eingestuft werden.
2. **Das Streben nach dem Guten.** Wenn derjenige erfolgreich ist, der seine selbstgesetzten Ziele erreicht und sich nicht durch äußere Stimmen beirren lässt, gelten dann Stalin, Hitler, Mao, Pinochet, Mussolini, Pol Pot, Gaddafi, Dschingis Khan und viele weitere Diktatoren, die für den Tod unzähliger Menschen verantwortlich sind,

etwa auch als erfolgreich? Oder besteht ein Zusammenhang zwischen Erfolg und Moral? Zweifelsohne! Je mehr Wert wir für andere Menschen schaffen, umso mehr Erfolg haben wir in jeglicher Hinsicht. Wer durch das eigene Wirken anderen einen Mehrwert bietet, wird sich zum Beispiel in finanzieller Hinsicht keine Sorgen machen müssen. Noch viel wichtiger: Es gibt dem Leben Sinn und Bedeutung, wenn unser tägliches Tun nicht nur auf uns reduziert ist. Die jungen Überflieger zeichnen sich unter anderem dadurch aus, dass ihr Ziel immer größer ist als sie selbst. Die altbewährte Weisheit, dass wir alles im Leben haben können, wenn wir anderen Menschen dabei helfen, das im Leben zu bekommen, was sie am meisten wollen, trifft auf jeden Fall zu. Genauso wie der Gedanke von Tony Robbins, dass das Geheimnis im Leben darin besteht, zu geben. Wir fühlen uns glücklicher und erfüllter, wenn wir das Leben anderer bereichern, das haben zahlreiche Glücksforscher, wie zum Beispiel Martin Seligman, immer wieder belegt. Deshalb bin ich auch überzeugt, dass der Weise uns als erfolgreich einstuft, wenn wir nach dem Guten streben und nach dem, was wir als richtig erachten.

IMPULSE DER JUNGEN ÜBERFLIEGER

- »Wenn du erfolgreich sein willst, egal in welchem Bereich, musst du genau wissen, was du willst.«

  Philipp Stein

- »Dein Motiv für Erfolg muss immer stärker sein als die vielen Ablenkungen, die dich davon abhalten können.«

  Kontra K

- »Wenn dein Ziel größer ist als du selbst, erreichst und bewegst du deutlich mehr Leute und kannst ein Ausmaß an Erfolg erzielen, das du kaum für möglich gehalten hast.«

  Philipp von der Wippel

TEIL 1: JUNGE ÜBERFLIEGER – IHRE GESCHICHTEN

2. UMFELD UND ERZIEHUNG

»Man kann einen Menschen nichts lehren; man kann ihm nur helfen, es in sich selbst zu finden.«

Galileo Galilei

Nichts formt den Menschen so sehr wie sein Umfeld und seine Erziehung. Das bedeutet aber nicht, dass jemand, der aus einem schwierigen Umfeld kommt, zwangsläufig zu einem schwierigen Menschen wird, der keinen Erfolg im Leben erzielen kann. Genauso wenig kann angenommen werden, dass ein Mensch mit besten Voraussetzungen automatisch erfolgreich sein wird. Wer zu wohlbehütet und wohlhabend aufwächst, dem fehlen nicht selten der nötige Biss und die große Triebkraft, sein Vorhaben auch in schwierigen Phasen konsequent zu verfolgen.

Kaum zu widerlegen ist jedoch: Inspirierende Menschen im unmittelbaren Umfeld zu haben, die ein klares Lebensziel verfolgen und Freude an dem haben, was sie tun, führt oft dazu, dass man selbst inspirierter wird, klare und meist auch große Ziele verfolgt. Den wissenschaftlichen Beleg hierfür liefere ich am Ende des Kapitels. Große Vorbilder können in jungen Jahren als Initialzündung dienen, ebenfalls aktiv zu werden und die Verwirklichung der eigenen Wünsche intensiver als zuvor voranzutreiben. Bei dem ersten jungen Überflieger, Philipp von der Wippel, ist das unverkennbar.

PHILIPP VON DER WIPPEL – DAS RICHTIGE TUN

Als er 16 Jahre alt war, trommelte Philipp von der Wippel ausreichend Geld zusammen, um einen Kindergarten in Ruanda zu bauen. Keine vier Jahre später arbeiten über 100 Leute an seinem aktuellen Projekt mit: ProjectTogether – eine Initiative, die zum Handeln anregen soll und Menschen in der Findungs- und Umsetzungsphase ihrer Idee begleitet. Durch kostenfreie Telefonberatung gelingt es den Coaches von ProjectTogether, die Ideen der Projektgründer zum Fliegen zu bringen. »Wir wollen Passivität und Gleichgültigkeit verringern und Mitgestaltungswillen fördern. Wir begleiten den Start von eigenen Initiativen.« Gesponsert wird das Projekt, das regelmäßig Preise für soziales Unternehmertum und gesellschaftlichen Einfluss abräumt (etwa bei der Google Impact Challenge 2016), unter anderem von der BMW Stiftung.

Von Philipp und seiner Arbeit hatte ich bereits im Vorfeld von verschiedenen Seiten gehört, unter anderem von der Nachhaltigkeitsexpertin Dr. Alexandra Hildebrandt, die von seinem sozialen Engagement und seinen Projekten schwärmte. Das erste Mal traf ich Philipp, der nebenbei Philosophie und Politikwissenschaften in Oxford studiert, im Englischen Garten in München. Wir hatten uns zu einem entspannten einstündigen Spaziergang verabredet. Drei Stunden später gingen wir zusammen Mittagessen – und an keiner Stelle brach der Redefluss auch nur für einen Augenblick ab.

Philipp zieht Menschen jeden Alters in seinen Bann, und das nicht aufgrund seiner stattlichen Körpergröße, seiner Sprachgewandtheit oder seines eleganten Stils. Nein, er fasziniert sein Gegenüber, weil er von einem unnachahmlichen Pflichtbewusstsein angetrieben wird, sich für die Gesellschaft und diesen Planeten einzusetzen. Und das spürt man. Einer seiner langjährigen Freund sagt über ihn:

> »Uns bleibt nichts anders übrig, als den Hut vor dem zu ziehen, was Philipp leistet. Er könnte auch ein viel bequemeres Leben

führen, aber Philipp ist sich nicht zu schade dafür, an die Orte zu gehen, an denen es wirklich brennt, und sich für das Gemeinwohl einzusetzen.«

Ein Knackpunkt für diesen Antrieb war der Einfluss seiner Religionslehrerin in der dritten Klasse, erzählt Philipp:

> »Die Bereitschaft sich ohne Wenn und Aber für eine Sache und die Gemeinschaft einzusetzen, wie es bei dieser Lehrerin der Fall war, hat mehr als prägend auf mich gewirkt. Jemanden beobachten zu dürfen, der begeistert von einer Sache ist und spürbare Euphorie ausstrahlt, wie sie es getan hat, löst eine mitreißende Welle aus. Durch die Effekte ihres Wirkens habe ich früh erkannt, was entstehen kann, wenn sich jemand für das einsetzt, woran er glaubt und als richtig und gut erkannt hat.«

Philipps Tatendrang – er hat unter anderem als 15-Jähriger die Fahrt zum Weltjugendtag organisiert – wurde dadurch geweckt:

> »Ihre Leidenschaft war der Anstoß für meine Faszination, mich voll und ganz einem Projekt hinzugeben und nicht, wie viele andere, mit angezogener Handbremse zu fahren. Die frühe Erfahrung, was es bedeutet, voll in eine Sache involviert zu sein und tatsächlich gebraucht zu werden, etwas Sinnvolles zu tun und zu spüren, dass, wenn man sich einsetzt, auch eine Wirkung erzielt werden kann, war ein großes Geschenk.«

Das nächste einschneidende Erlebnis für ihn trat bei einem dreimonatigen Schüleraustausch 2012 in England ein. Seinem Mitschüler Ebrahim aus Syrien half er, eine Bewusstseinskampagne („Together we can for Syria«) ins Leben zu rufen, die darauf abzielte, sich gegen die Menschenrechtsverletzungen in dessen Heimatland einzusetzen. In kurzer Zeit wurde Ebrahim in England zum Gesicht der Kampagne und die beiden sprachen unter anderem vor der britischen Regierung. Die Schlüsselerkenntnis für Philipp bestand darin, dass ein Mensch, der vorher nicht sonderlich engagiert und integriert war, durch gezielte Gedankenanstöße, die Euphorie anderer und ein äußeres Support-System plötzlich anfing, sich gesellschaftlich einzusetzen. Das war auch der Startschuss für ProjectTogether. Philipp wollte einen Weg finden, junge Menschen bei der Umsetzung ihrer Vorhaben zu begleiten, und ihnen durch gezielte Fragestellungen behilflich sein:

> »Menschen können wie Lawinen wirken – manchmal sogar ohne es zu wissen. Durch ihr Wirken reißen sie andere mit und die Auswirkungen können überwältigend sein. Kleine Verhaltensmuster – wie die Euphorie meiner Religionslehrerin – können bei anderen große Hebelwirkungen auslösen. Wenn man sich auf die eigenen Träume einlässt, können sie auch Realität werden. Diese krasse Erfahrung früh zu machen, hat mich mehr als alles andere geprägt. Dadurch habe ich erkannt, dass es an mir liegt, wie groß ich die Dinge denke, die ich umsetzen will. Den Gedanken zu spinnen, was wäre, wenn dieses eine Vorhaben in – sagen wir – sechs Monaten Realität wird, und genau das dann mehr als zwei bis drei Mal zu erleben, zeigt, wie eingeengt wir stellenweise durch unser Umfeld und deren Glauben sind.«

Neben seiner Religionslehrerin, hatten auch die Menschen aus seinem engsten Umfeld Einfluss auf seine Entwicklung.

> »Beide Elternteile haben mich nie in eine Richtung drängen wollen und mir erlaubt, meinem Herzen zu folgen. Die Haltung meines Vaters, sich einzusetzen und tatkräftig zu sein, hat sich fest in mir verankert. Von ihm habe ich gelernt, mich einzubringen, etwas für die Gesellschaft zu leisten und was es bedeutet, wenn man seine Arbeit liebt. Die Bereitschaft, Dinge zum Wohle anderer aufzugeben, kam von ihm.«

Gleichzeitig betont Philipp, dass man sich nicht durch sein Umfeld oder bestimmte Privilegien, wie etwa Wohlstand, bei seinen Vorhaben beeinträchtigen lassen sollte.

> »Was wir aufgebaut haben, beruht nicht auf großem Kapital. Es ist nicht so, dass diejenigen, die mit einem Silberlöffel im Mund geboren werden, prädestiniert dafür sind, gute Dinge zu tun. Ich kenne genug junge Leute, mit einem Arsch voll Kohle, die nur auf der faulen Haut liegen. Es geht mehr darum, seine Aufgabe und das, was man im Leben tun will, zu finden. Es geht um Mut und darum, auch mal etwas zu wagen, wenn man etwas Großes bewegen will. Viele Menschen sind sogar in der privilegierten Position, unternehmerisch, schriftstellerisch oder künstlerisch das größte Risiko auf sich zu nehmen, weil sie im Falle des Scheiterns im Handumdrehen eine gute Anstellung finden würden. Aber was passiert stattdessen? Die meisten folgen den klassischen Jobs, um versorgt und in jungen Jahren gut abgesichert zu sein.«

»Wie kommt das?«, wollte ich daraufhin von Philipp wissen. Seine Antwort fand ich besonders ansprechend, weil sie mich selbst zu besserem Handeln motiviert. Er findet:

> »Ein fehlendes Bewusstsein für die eigene Vergänglichkeit ist der schnellste Weg in die Handlungslethargie. Denn was bedeuten Sicherheit und Versorgtsein in Bezug auf den Tod? Gar nichts. Das Spannende ist doch, dass das Leben das ganze Leben lang lebensgefährlich bleibt. Nur im Hinblick auf die eigene Vergänglichkeit werden wir uns über die Kostbarkeit unserer Zeit und unseres Handelns bewusst. Das reine Mittel-zum-Zweck-Denken fällt weg, wenn wir beginnen, uns von der gängigen Arroganz zu lösen, wir wären sowieso noch ewig hier. Der Tatendrang nimmt zu und Unentschlossenheit hat plötzlich keinen Platz mehr. Wenn ich weiß, dass es bald vorbei sein kann, habe ich keine Zeit dafür, mich zurückzuhalten und auf Autopilot zu schalten.«

Philipp geht sogar noch einen Schritt weiter:

> »Die größte Vermessenheit des Menschen besteht darin, dass er glaubt, alles auf später verschieben zu können, weil dann ein günstigerer Zeitpunkt dafür gekommen ist. Als ob wir sicher sein könnten, dann noch hier zu sein! Die krasse Auseinandersetzung mit der eigenen Endlichkeit führt dazu, dass alles Unwesentliche plötzlich verschwimmt. Nur ein Gefühl der Ewigkeit oder ein Gefühl, dass der jetzige Moment nicht zählt, führt zum chronischen Abhängen und der Unfähigkeit, die Frage zu beantworten, was man mit seinem Leben machen will.«

Besonders wichtig ist für Philipp auf dem Weg zum Erfolg, unabhängig davon in welchem Bereich und in welcher Hinsicht, die Suche nach Vorzeigebeispielen – wie es auch in diesem Buch der Fall ist; nach Menschen, die es trotz aller Widrigkeiten geschafft haben, ihr Vorhaben erfolgreich zu stemmen. »Ein Vorzeigebeispiel führt dazu, dass wir unbewusst die Überzeugung erlangen: Wenn der das kann, kriege auch ich das hin«, sagt Philipp.

> »Gleichzeitig können solche Beispiele enorm motivierend sein und den eigenen Tatendrang ankurbeln. Zu schauen, wie andere es gemeistert haben, und es anschließend auf sich selbst zu übertragen, ist entscheidend dafür, aus einem bestehenden System, aus einem schlechten Umfeld auszubrechen, und selbst ein Beispiel für beachtlichen Erfolg zu werden. Dadurch entsteht tiefes Vertrauen – und der Glaube: ›Wenn ich mir selbst folge und treu bleibe, werde ich am Ende etwas schaffen, womit ich zufrieden sein kann und auch merke: Ein temporäres Scheitern ist nicht das Ende der Welt.‹ Deswegen ist bei jungen Menschen das Vorbildsein die effektivste Methode, um eine Veränderung anzustoßen. Sie sehen dadurch, was jemand verkörpert, und merken, was im Bereich des Machbaren liegt.«

Wie er es schafft, in so jungen Jahren ein so großes Team zu leiten, ist auf seine Maxime zurückzuführen: »Die beste Form ein Team zu führen: das Dogma, in ständigem Kontakt zu sein. Dauernde Kommunikation ermöglicht es, viele Dinge in der Frühphase abzufangen, die dadurch nicht mehr zum Problem werden können. Alle kennen mein Commitment; ich lebe das auch vor. Eine Haltung des Dienens und diese auch nach außen hin zu zeigen, schafft Vertrauen im Team.«

Philipps große Stärke liegt in seiner Ausgeglichenheit. Er ruht in sich und lässt sich nicht durch äußere Ereignisse aus dem inneren Gleichgewicht bringen. Kraft und Energie zieht er daher, dass er keinen Ballast mit sich herumschleppt. Sich nicht darüber den Kopf zu zerbrechen, was alles sein und eintreffen könnte, wirkt für ihn beflügelnd und gibt ihm die nötige Kraft, das Studium, ProjectTogether, Lektüre, Sport, Privatleben und alles Weitere in seinem Leben zu stemmen. »Nur das zu tun, was gerade zu tun ist, hilft mir dabei, mit allen Unsicherheiten, Ängsten und Zweifeln gut umzugehen.«

KONTRA K – AUS DEM SCHATTEN INS LICHT

Einen interessanten Gegenpol zu Philipp von der Wippel stellt der Musiker Maximilian Diehn, besser bekannt als Kontra K, dar. Mit seinem Album *Labyrinth* hat er im Mai 2016 die Spitzenposition der Charts erreicht. Das stereotypische Rapper-Image könnte auf Kontra K kaum weniger zutreffen. Natürlich und locker, interessiert – ja, sogar wissbegierig, herzlich, nahbar und geordnet begegnet er mir bei unserem Treffen. Trotz seines vollen Terminkalenders, der anstehenden Tour und seinem Sohn, der es kaum erwarten kann, mit dem Papa endlich wieder die Löwen im Berliner Zoo anzuschauen, wirkt er entspannt und bringt deutlich mehr Zeit mit als vereinbart. Er lacht viel, stellt Gegenfragen und beeindruckt mich durch seine Aura, die vor allem durch seine klaren Augen und seinen tiefen und offenen Blick zum Ausdruck kommt.

Während Philipp von der Wippel in einem wohlbehüteten Elternhaus aufwuchs, lebte Kontra K schon mit 16 Jahren alleine in Berlin. Seinen Vater bezeichnet er selbst zwar als guten Menschen, doch die Polizei riet dem Jungen bereits im Kindesalter, Abstand zu ihm halten. Vorbildfiguren waren bei ihm Mangelware. Doch genau dieser Umstand entpuppte sich in seinem Fall als treibende Kraft, zu dem zu werden, was ihm selbst am meisten gefehlt hatte. Für seine Schüler im Boxunterricht ist er eine Identifikationsfigur und seine Texte beflügeln Millionen von Menschen, über die deutschen Grenzen hinaus. »Wenn ich ein paar Leute durch meine Texte bewegen kann, ein besseres Leben zu führen, habe ich gut gelebt.« Dabei geht er jedoch keineswegs normativ-belehrend vor und schreibt anderen vor, wie sie zu leben haben, sondern spricht über Prinzipien, Ansätze und Werte, die er selbst lebt und die ihm besonders wichtig sind:

> »Die wichtigsten Werte für mich sind Fairness und Demut. Wenn du stärker als jemand bist, dann zeig es nicht – das hat mich das Boxen gelehrt. Es gibt immer jemanden, der stärker, besser oder klüger ist als du. Wenn du zu abgehoben wirst, holt dich ein Gegner im Ring schnell wieder zurück auf den Boden der Tatsachen.«

Das gibt er auch seinen Schülern beim Boxen mit:

> »Wenn du denkst, du bist der Stärkste, stelle ich dir immer jemanden hin, der dir dieses Denken austreibt. Dadurch lernt man die wichtigste Lektion des Lebens: Du bist für deine eigenen Ergebnisse verantwortlich, dafür kannst du niemand anderem die Schuld zuweisen. Wer zu überheblich ist, bekommt das vom Leben zu spüren.«

Kontra K vertritt eine klare Linie: die eigenen Werte kennen und konsequent leben. In seinem Fall sind das neben Fairness und Demut auch Disziplin, Loyalität und Hingabe sowie das zu tun, was man für richtig hält; all das, was ihm früher so sträflich fehlte. Statt von seinem

Umfeld inspiriert zu sein, wollte Kontra K ausbrechen – auch um den Gang ins Gefängnis zu vermeiden, den viele aus seinem unmittelbaren Umfeld antreten mussten. Die Schule ließ er eher schleifen, aber zu seinem Lehrer hat er trotz allem kurz vor seinem Abschluss der mittleren Reife schon gesagt: »Wir sehen uns dann, wenn ich bei Viva sitze.«

Lachend erzählt Kontra K, dass er sich sein damaliges Umfeld zwar selbst ausgesucht habe, mit diesem dann aber schnell gemeinsam abgestürzt sei. Als ich wissen wollte, wie er das genau meinte, gab er offen zu:

> »Man hat mehr überlebt als gelebt – was haben wir gemacht? Was haben wir nicht gemacht, ist eher die Frage! Wir waren einfach Menschen, mit denen man nichts zu tun haben wollte. Ich hatte damals fast immer mit Älteren zu tun. Es war eine schlimme Zeit, in der ich gemerkt habe: Wenn ich so weitermache, komme ich da nicht mehr raus. Drogen, Überfälle und Diebstahl – das waren nicht nur nebensächliche Jugendsünden, die sich charmant weglächeln lassen.«

Um das eigene Überleben zu sichern, wurde nicht klassisch gejobbt, sondern ein Weg gewählt, der sonst eher aus Filmen bekannt ist:

> »Wir haben dafür halt mal einen Dealer ausgeraubt. Es war kein ehrliches Geld, aber es hat für Essen auf dem Tisch gesorgt. Manche Dinge, die man im Film sieht – Blut, Schlägereien und so –, machen einfach keinen Spaß im echten Leben. Es hat mich aber zu einem Mann, zu einem Kämpfer gemacht. Das Wichtigste, was ich damals gelernt habe, war selbst meinen Arsch zu bewegen und Verantwortung zu übernehmen. Es war kein Wunschkonzert und geschenkt wurde niemandem etwas – man musste für alles selbst aktiv werden.«

Und hieraus soll eine steile Karriere entsprungen sein, die Kontra K zu einem Vorbild macht? Richtig! »Ich wollte nicht wie der Rest meiner Freunde im Knast landen. Daraus hat sich dann der Drang entwickelt, durch saubere Arbeit auszubrechen und mir selbst etwas zu beweisen.« Zum ersten Mal wurde er als Industriekletterer für ehrliche Arbeit vergütet – ein Gefühl, das ihm bisher fremd war. Dass man für geleistete Arbeit belohnt werden kann, war ein Augenöffner; die eigene Miete mit »ehrlichem Geld« zu zahlen beflügelnd. »So habe ich auch begonnen, mich immer mehr selbst für meinen Einsatz zu belohnen. Ich habe gemerkt: Je besser ich in den Sachen werde und umso härter ich dafür arbeite, desto mehr kann ich verdienen, desto aussichtsreicher und stressfreier ist meine Zukunft.« Auf der faulen Haut liegen, ist seitdem keine Option mehr für ihn.

> »Die Umtriebigkeit macht mich glücklich und gibt mir viel. Das brauche ich einfach. Ich konnte zwar nichts sonderlich gut, aber ich habe gelernt, mir Dinge selbst beizubringen. Ich habe gemerkt, wenn ich an etwas glaube und überzeugt bin, dass ich es lernen kann, dann schaffe ich es auch. In dieser Welt ist fast alles möglich, wir müssen nur nutzen, was uns gegeben wurde. Wir haben ein Gehirn und einen Körper, die viel mehr können, als wir denken. Wenn man richtig an die Dinge rangeht, gibt es kaum Limits.«

Eine Sache, die ihn in all der Zeit, »auch in den schlimmen Phasen«, immer begleitet hat, ist die Musik. »Musik ist mein Ventil, ohne das ich gar nicht könnte; das muss einfach.« Nach zehn Jahren aufopferungsvoller Arbeit im Musik-Business – drei Alben und Hunderte Tracks sind in diesem Zeitraum entstanden –, kam schließlich der Durchbruch und »die Musik ging durch die Decke«. Den guten Kern, den er auch stets in anderen sucht, und seine Wurzeln hat er dabei nie aus den Augen verloren. Heute arbeiten viele Freunde aus seiner »Absturzzeit« in seinem Unternehmen und unterstützen ihn bei seinen Touren. Seine inspirierende Bodenständigkeit kommt am stärksten dadurch zum Ausdruck, dass er auch jetzt noch an seinem Industriekletterer-Unternehmen festhält, obwohl er keineswegs mehr darauf angewiesen wäre. »Es ist das Einzige, das mich in der normalen Welt hält; Musik ist im Vergleich einfach ein haltloses Geschäft.«

Mit dem Texteschreiben begann Kontra K mit 14 oder 15 Jahren – beflügelt durch seinen Bruder sowie seine amerikanischen Rap-Vorbilder wie 2Pac.

> »Auch wenn niemand daran geglaubt hat, habe ich immer weitergemacht, obwohl ich weit entfernt war von guter Qualität *(lacht)*. Die Ausdauer hat sich dann irgendwann ausgezahlt – ich glaube, das ist der Schlüssel. Ich habe immer wieder den Mut gehabt, es erneut zu probieren, auch wenn der vorherige Track einfach scheiße war. Es ging immer weiter. Ich wollte immer noch ein Level weiter nach oben. Und noch weiter und noch weiter. Ich habe einfach nicht damit aufgehört, Texte zu schreiben. Hunderte Texte, die heute zum Glück keiner kennt.«

Als die Texte aus seiner Sicht halbwegs passabel waren, stellte Kontra K seine Songs ins Internet.

> »Es gab dann auch tatsächlich Leute, die sich das angehört haben. Da habe ich gemerkt: Wir sind ja gar nicht so schlecht; da ist was möglich. Das hat den Anreiz gegeben, zu sagen: Lass uns noch weitermachen und noch mehr machen und uns immer weiter verbessern. Die Texte wurden dann auch wirklich immer besser, umso mehr ich gemacht habe.«

Die Devise ist dabei für ihn ähnlich wie beim Boxen: »Es ist wie trainieren – einfach immer machen, machen, machen. Ob du dann ein Talent dafür hast, ist, glaube ich, gar nicht so wichtig. Entscheidend ist, dass du immer weiter daran arbeitest, egal worin du Erfolg haben willst.« Oder wie beim Lernen:

> »Wenn du viel lernst, weißt du irgendwann viel. Ich habe dann auch abends angefangen, einen Duden zu lesen, um meinen Wortschatz zu erweitern und ausgefallenere Texte schreiben zu können, die dann weit weg von ›Haus und Maus‹ lagen. Der Umgang

> mit der Sprache wird zunehmend besser und man lernt, welche Reimschemen man wann benutzt.«

Kontra K bezeichnet sich selbst als kleinen Workaholic – er musste sogar lernen, sich am Wochenende Zeit für die Familie zu nehmen. »Wenn du extrem gut in etwas sein willst, musst du dich auf eine Sache konzentrieren und konsequent daran arbeiten. Man muss allerdings auch gezielt regenerieren können, das habe ich auf die harte Tour gelernt. Arbeiten – und damit meine ich: viel arbeiten – ist super, aber man sollte seine Grenzen kennen und seine Akkus wieder aufladen, wenn nötig.«

Als ich ihn gegen Ende unseres Gesprächs fragte, was er anderen Menschen rate, die ebenfalls Karriere machen und in ihrem Bereich erfolgreich werden wollten, antwortete er:

> »Stell dir immer wieder diese Fragen: ›Wo will ich hin? Was will ich wirklich? Wieso will ich es?‹ Und wenn du es wirklich willst, dann stell dir diese Fragen: ›Was muss ich tun, um dort hinzukommen? Welche Handlungen helfen mir am meisten?‹ Und dann mach es kompromisslos. Mach es fleißiger und beständiger als andere. Stell dir diese Fragen immer wieder aufs Neue. Such ständig nach noch besseren Antworten. Deine Ziele wachsen dann mit deinem Erfolg.«

Für ihn selbst gilt:

> »Nur weil mein Job mir Spaß macht, kann ich so viel Energie dafür aufbringen. Es wäre unter keinen anderen Umständen möglich. Weil es den Menschen etwas gibt und mir auch noch Freude bereitet, habe ich die Energie für zehn Leben. Mehr geht natürlich immer. Das Gefühl satt zu sein, ist mir unbekannt. Die Frage, wann genug auch mal genug ist, stellt sich mir nicht. Ich hatte schon richtig viele miese Auftritte, klar. Oft läuft es nicht so wie geplant; das passiert, muss nach kritischer Reflexion aber sofort abgehakt werden und

dann geht es weiter. Daraus lernt man unglaublich viel, da darf man sich einfach nicht verrückt machen. Wenn man hinfällt, merkt man: Da ist ein Loch, da falle ich nicht noch einmal hinein. Du stolperst mal, du fällst mal hin, der Fehler wird ausgemerzt und du läufst weiter. Du wirst nie perfekt sein, aber du wirst immer besser.«

PHILIPP STEIN – IMMER VON BESSEREN LERNEN

Bei Philipp von der Wippel diente eine Person im eigenen Umfeld als Initialzündung und Beschleuniger für die weitere Entwicklung. Die Geschichte von Kontra K zeigt hingegen, welche Kraft ein wahrgenommener Mangel in uns freisetzen kann. Einen wiederum anderen Einfluss hatte das Umfeld bei Deutschlands jüngstem Sternekoch Philipp Stein. Mit 23 Jahren war er bereits Chefkoch im Favorite-Hotel in Mainz und führte ein Team von erfahrenen Mitarbeitern. Ein Jahr später bestätigte er den Michelin-Stern.

Das Treffen mit Philipp hat sich in mehrfacher Hinsicht gelohnt. Ich besuchte ihn an einem warmen Sommertag in seinem Restaurant in Mainz, wurde freundlich vom Personal empfangen und saß an einem Tisch mit herrlichem Blick über das Rheintal. Bevor ich Philipp persönlich kennenlernte, durfte ich seine Kochkünste mit allen Sinnen genießen. Nach getaner Arbeit begrüßte Philipp noch ein paar seiner Gäste und dann unterhielten wir uns ausführlich auf der Terrasse.

Wenn man weiß, dass Philipp in sechster Generation in eine Gastronomenfamilie geboren wurde, kommt man schnell zu dem Schluss: Seine Laufbahn war schon seit dem Kindesalter klar vorgezeichnet. Seine Eltern haben ihn zwar nach eigenen Angaben nie in eine bestimmte Richtung gedrängt, aber »ich habe mir auch nie etwas anderes vorgestellt«, erzählt er. Sein Plan besteht darin, irgendwann das Familienlokal zu übernehmen und erfolgreich weiterzuführen. »Ich bin da schnell reingewachsen, es hat mir Spaß gemacht und so kam eins zum andern. Als meine Eltern mein Interesse verspürten, haben sie mich auch geschickt in das Gebiet eingeführt, mir früh gewisse Aufgaben übertragen und meinen Verantwortungsbereich stetig erweitert.«

Dass es ihm und seinen drei Schwestern an nichts fehlte, lag vor allem an der harten Arbeit seiner Eltern – eine Sache, die sich Philipp bereits in jungen Jahren von ihnen abgeschaut hat.

> »Wir sollten schon früh bei bestimmten Dingen mithelfen. Ab der dritten Klasse mussten wir etwa eine halbe Stunde pro Woche mit anpacken, und das hat sich dann pro Schuljahr immer gesteigert. Von meinem Vater habe ich damals gelernt: Wenn ich helfe und gut arbeite, werde ich dafür auch belohnt. Umsonst ist nichts.«

Wer in der Gastronomie nach oben kommen will, der zahlt dafür auch einen Preis:

> »Wenn andere im Urlaub waren, habe ich Praktika gemacht und mir neue Betriebe angesehen. Ich wollte neue Eindrücke gewinnen. Das ist gerade beim Kochen wichtig, sonst lernst du nur einen bestimmten Stil kennen, beherrschst diesen dann vielleicht perfekt, limitierst dich dadurch aber selbst und bleibst von der Entwicklung her stehen.«

Kochen ist laut Philipp einer der vielseitigsten Berufe, die es gibt.

> »Du kannst alles auf so viele verschiedene Arten zubereiten – und je mehr Eindrücke du gewinnen konntest, umso mehr findest du auch zu deinem eigenen Stil. Ich habe einfach schon sehr früh viel gesehen und mehr ausprobiert als die meisten anderen. Klar braucht man dann auch mal das Glück, dass jemand auf einen zukommt und einem eine bestimmte Position anbietet, einem Vertrauen schenkt – aber da muss man dann auch bereit sein und

liefern können. Die gute Vorbereitung macht aus, ob man sein Glück auch zu nutzen weiß.«

Was auf andere Bereiche zutrifft, gilt auch fürs Kochen:

»Je höher man kommt, umso mehr geht es dann schon um extreme Perfektion. In einer Drei-Sterne-Küche muss alles immer zu 100 Prozent stimmen. Das ist wie bei einem Athleten, der bei Olympia erfolgreich sein will – es gibt ein bestimmtes Programm, das konsequent durchgezogen werden muss. Da gehst du auch nicht mal einen trinken, wenn am nächsten Tag Wettkampf ist; dann ist es nämlich schnell vorbei. Das muss man wie Hochleistungssport sehen: Eine Grauzone gibt es da nicht. Du musst schon sehr viel opfern, wenn du da hinkommen willst. 16 bis 18 Stunden knallharte Arbeit am Tag stehen durchaus auf dem Programm.«

Warum sich Philipp trotzdem fürs Kochen begeistert?

»Das Aufregendste am Kochen für mich: Jeden Tag stehen neue Herausforderungen an. Jeden Tag muss ich mich auf andere Dinge einstellen; die Ware ist immer anders; ich muss immer anders arbeiten; ich kann immer neue Karten schreiben und meine Kreativität ausleben. Auch die positiven Emotionen in unserer Branche faszinieren mich: den Leuten eine unmittelbare Freude machen können. Und eine Sache, die in meiner Branche – in anderen natürlich auch – zentral ist, darf ich häufig üben: unter Druck arbeiten. Das kann ich mittlerweile richtig gut und brauche es sogar oft auch. Der Kitzel treibt mich sehr stark an.«

Wie bei Philipp von der Wippel spielt das Team für Philipp Stein eine zentrale Rolle.

»Der Schlüssel zum Erfolg ist natürlich auch das Team. Viele Mitarbeiter haben Fertigkeiten, die ich nicht habe. Man profitiert immer

> davon, Leute im eigenen Umfeld zu haben, die etwas besser können als man selbst. Man muss deshalb auch immer offen sein, dass andere einem auch noch etwas beibringen können. Dadurch gibt man anderen Entfaltungsspielraum und man profitiert selbst auch immens. Sobald man glaubt, der Beste zu sein, steht man sich selbst im Weg.«

Seinen Führungsstil beschreibt er daher auch wie folgt: »Immer von anderen lernen wollen, weil ich weiß, ich kann auch nicht alles perfekt. Natürlich gebe ich die Richtung vor, aber ich schaffe das Vertrauen, dass Mitarbeiter zu mir kommen können und mir Ideen vorschlagen.« Dass Kochkunst und Mitarbeiterführung nicht eins sind, liegt auf der Hand. Für beides gilt aber: Nur durch das Machen und Ausprobieren kann man besser werden. Auf die Frage, wie er das in so jungen Jahren gemeistert hat, erwiderte Philipp:

> »Je mehr Erfahrung du hast, umso souveräner wirst du natürlich und umso leichter fällt es dir auch Autorität zu zeigen, wenn nötig. Anfangs habe ich einiges noch überzogen und vielleicht mal über die Strenge geschlagen. Ich bin nun mal mit Leidenschaft dabei und will auch Emotionen zeigen. Zu Beginn war ich allerdings manchmal so geladen, dass manche sogar gegangen sind. Im Nachhinein erkennen die Leute aber auch oft, wieso man sich in bestimmten Situationen so verhält.«

Ähnlich wie Kontra K spricht auch Philipp davon, die Dinge immer wieder auszuprobieren und dadurch zu lernen: »Niemand wird als perfekter Chef geboren, das ist viel schwerer als Kochen. Da musst du auf jeden Fall die perfekte Balance finden, weil jeder anders tickt und andere Erwartungshaltungen hat.« Um die Harmonie im Team zu wahren und selbst kontinuierlich voranzukommen, ist es für den Sternekoch besonders wichtig, wie man mit Fehlern und Rückschlägen umzugehen weiß:

> »Wenn etwas nicht so läuft wie geplant, analysiere ich das sehr genau. Ich habe eine starke Meinung und weiche auch nicht

> schnell davon ab. Aber wenn ich merke, etwas war falsch und ich habe eine Sache nicht richtig eingeschätzt, bin ich der Erste, der auf andere zugeht und sich dafür entschuldigt.«

Philipp ist sehr selbstkritisch: »In erster Linie suche ich den Fehler bei mir. Ich versuche, den Anfang einer Fehlerkette zu finden und zu überlegen, ob ich ihn irgendwo hätte unterbinden können. So werden Arbeit und Abläufe auch effektiver. Fehler können dadurch schnell minimiert werden.«

Für den ganz großen Wurf zählt aus seiner Sicht aber noch etwas anderes: Detailverliebtheit.

> »Das habe ich bei meinen großen Mentoren gesehen, die achten akribisch auf Kleinigkeiten. Das wirkt manchmal besessen und kann abstoßend sein, aber so sind die Allerbesten ja oft. Erfolg besteht für mich aber im Gesamtpaket – die wichtigsten drei Aspekte sind dabei: ein gutes und harmonisches Team haben, die hohe Qualität durch beständigen Einsatz halten und stetig den Umsatz steigern, wodurch wir uns dann automatisch weiterentwickeln. Das zeigt für mich, dass wir vorankommen – und das ist in meinen Augen das Wichtigste aus meiner Sicht.«

DER EINFLUSS UND DIE ROLLE DES UMFELDS

Das Umfeld, in das wir geboren werden, spielt eine erhebliche Rolle in unserem Werdegang. Manchen wird der weitere Lebensweg schon in die Wiege gelegt. Man denke an Politiker, Familienunternehmer oder auch Sportler wie Tiger Woods und Musiker wie Wolfgang Amadeus Mozart, die eine klar auferlegte Rolle vonseiten der Eltern oder der Gesellschaft auszuführen haben oder hatten. Da gibt es keinen großen Spielraum für Selbstverwirklichung – ein beliebter Modebegriff, der meist nur auf den verschwindend geringen Teil der Menschheit zutrifft, der das große Los gezogen hat, in ein Umfeld hineingeboren zu sein, das es ihm ermöglicht, das zu tun, was ihm am meisten Erfüllung bringt.

Warum unser Umfeld eine derart zentrale Rolle spielt, zeigen die Studien des italienischen Neurophysiologen Giacomo Rizzolatti, der viel im Bereich der Spiegelneuronen forscht. Dabei geht es vor allem darum, wie wir durch das Verhalten anderer lernen und wie uns der andere zu mehr Selbsterkenntnis verhilft. Spiegelneuronen sorgen dafür, dass wir Handlungen und das Verhalten anderer imitieren. Was wir im Gegenüber sehen, beginnen wir zunehmend zu einem Teil unserer selbst zu machen. Je nach Umfeld und den Personen, mit denen wir den Großteil unserer Zeit verbringen, führt das zu unterschiedlichen Resultaten. Wenn die Menschen in unserem unmittelbaren Umfeld Großartiges leisten und wir das beobachten dürfen, kann uns das ebenfalls zu neuen Höchstleistungen inspirieren. Wir nehmen das Verhalten einer Person, die einen Vorbildcharakter für uns hat, wahr und kommen zu dem Schluss: »Das kann und will ich auch schaffen!« Dadurch geben wir uns die Erlaubnis, nach mehr zu streben und dabei beständiger zu sein.

Fakt ist, dass besondere Leistungen nur durch hohen Einsatz und Belastbarkeit zu stemmen sind. Oft passen wir unsere Ambitionen direkt an die Erwartungshaltung unseres Umfelds an. Wenn wir nun mit lauter Taugenichtsen herumhängen, erstaunt es wenig, dass unsere Ambitionen niedrig sind, weil wenig von uns erwartet wird.

Ein Umfeld ist giftig, wenn es der eigenen Entwicklung Steine in den Weg legt. Erfolgreiche Menschen – unabhängig davon wie alt sie sind –, achten deswegen darauf, mit wem sie ihre Zeit verbringen.

In Ausnahmefällen, wie zum Beispiel bei Kontra K, kann auch ein schwieriges, ja sogar kriminelles Umfeld große Kräfte freisetzen und zu der Erkenntnis führen, aus dieser Umgebung ausbrechen zu müssen – mit allen zu Verfügung stehenden Mitteln. Sich selbst, aber auch der Familie zuliebe.

Wer durch die tiefsten Täler gewandert ist, dem reicht es oft als Motivation, kurz zurückzublicken, um so zu handeln und so hart zu arbeiten, dass er nicht mehr in eine solche Lage geraten kann. Schmerz beziehungsweise die Vermeidung von Schmerz ist einer der größten Antriebe des Menschen. Manche Trainer und Lehrer versuchen deshalb auch gezielt, mehr aus ihren Schützlingen herauszukitzeln, indem sie an ihren Stolz appellieren und sie an ihre schmerzlichsten Niederlagen erinnern. Siege auszublenden und Misserfolge im Hinterkopf zu behalten, kann für den zukünftigen Erfolg ein Geheimrezept sein.

LEHRER, VORBILDER UND ANDERE PRÄGENDE PERSÖNLICHKEITEN

Wenig kann die eigene Entwicklung und das eigene Wachstum so beschleunigen wie ein Trainer, Lehrer, Mentor oder ein Vorbild. Sie haben bereits einen gewissen Weg hinter sich und verfügen über einen reichen Erfahrungsschatz und die Güte, andere daran teilhaben zu lassen.

Ein Lehrer bereichert unser Leben oft dadurch, dass er Dinge in uns sieht, die einen blinden Fleck für uns darstellen; dass er Potenziale erkennt und fördert, die wir selbst nicht wahrnehmen; dass er eine größere Vision für unser Leben hat als wir selbst. Ein guter Lehrer oder Trainer assistiert seinem Schützling dabei, in neue Sphären vorzudringen, indem er hohe Ansprüche stellt und keine Ausreden akzeptiert. Er schenkt dem Lernenden aber durch seinen Glauben gleichzeitig Vertrauen.

Die Geschichte des legendären Surfers Jay Moriarity, die im Film *Mavericks: Lebe deinen Traum* festgehalten wurde, unterstreicht die Rolle des Lehrers besonders. Dass Jay enorm begabt war, eine gute Veranlagung und gleichzeitig den eisernen Willen besaß, täglich stundenlang zu trainieren, steht außer Frage. Doch ohne seinen Nachbarn, der für ihn Vorbild und Ersatzvater war, hätte er es nie geschafft, bereits mit 16 Jahren eine der höchsten Wellen der Welt – Mavericks genannt – zu surfen. Jay hat sich hundertprozentig auf das Training und die Ansätze seines Lehrers eingelassen, weil die wesentlichen Prämissen gegeben waren: Sein Lehrer brachte die Erfahrung mit, diese Wellen bereits gesurft zu sein; er forderte Respekt ein, war streng, aber fair; und Jay stellte durch die Ansätze seines Lehrers Fortschritte fest und merkte, dass die Methoden ihn schnell nach vorne bringen würden.

Natürlich hat nicht jeder von uns das Glück, dass der perfekte Lehrer im Nachbarhaus wohnt. Viele erfolgreiche Menschen gehen als Autodidakten durchs Leben. Doch auch das hat Vorteile: Man entwickelt ein fast unheimliches Durchhaltevermögen, sucht nicht um jeden Preis den kürzesten und schnellsten Weg und man weiß genau, wozu man in der Lage ist.

Die richtigen Lehrer zur rechten Zeit im Leben zu finden, so viel wie möglich von ihnen zu lernen und dann aber auch den Mut aufzubringen, weiterzuziehen, ohne sich dabei schlecht zu fühlen, ist ein wesentlicher Bestandteil des Wegs erfolgreicher Menschen. Sie haben sich Nietzsches Gedanken zu eigen gemacht, dass kein Schüler seinem Lehrer einen Gefallen tut, indem er immer Schüler bleibt.

DIE EIGENE REAKTION ZÄHLT

Wir können uns das Umfeld, in das wir hineingeboren werden, nicht aussuchen. Aber wir können wählen, wie wir damit umgehen wollen. Es gibt immer positive Vorbilder, die durch ihre Lebensgeschichte zeigen: Man kann über die eigenen Umstände, so widrig sie auch sein mögen, hinauswachsen. Die Vergangenheit muss nicht ausschlaggebend für unser Handeln in der Zukunft sein. Solange man die Eigenverantwortung nicht abgibt, lässt sich ein Mangel kompensieren.

Fülle kann zu phlegmatischem Handeln führen, sie kann aber auch antreiben, noch mehr daraus machen zu wollen. Gleiches trifft auf Mangelerscheinungen zu. Unsere Energie für Dinge aufzubringen, die sich schlichtweg nicht ändern lassen, etwa die Welt, in die wir hineingeboren wurden, hält uns hingegen unnötig zurück.

Ja, so mancher von uns mag aufgrund seiner Erziehung und/oder seines Umfelds benachteiligt und zu einem Entitätstheoretiker erzogen worden sein und dadurch einen Rückstand haben. Aber das heißt längst nicht, dass man im Leben chancenlos wäre. Mit dem nötigen Willen, Einsatzbereitschaft und Glauben lassen sich diese Umstände ausgleichen und in große Stärke transformieren.

IMPULSE DER JUNGEN ÜBERFLIEGER

- »Am Ende müssen wir nur uns selbst Gericht stehen: Wir sind dann glücklich, wenn wir tun, was unserem Gewissen nach das Richtige ist und uns selbst vertrauen. Handle aus Überzeugung und hab den Mut, auf deine innere Stimme zu hören, auch wenn Unsicherheiten bestehen.«

  Philipp von der Wippel

- »Wenn du etwas willst, dann mach es. Lass dir niemals von jemandem einreden, du kannst etwas nicht oder das geht nicht: Glaub es einfach nicht!«

  Kontra K

- »Ehrgeiz und Konsequenz: Du musst es wirklich wollen. Um dich herum kann passieren was will – in letzter Instanz liegt es immer an dir. Du musst genau wissen, welchen Weg du gehen willst und ihn dann auch kompromisslos verfolgen.«

  Philipp Stein

3. INITIATIVE ERGREIFEN

»Jeder bekommt in seinem Leben eine besondere Chance, einen speziellen Moment, in dem man sinnbildlich vom Schicksal auf die Schulter getippt und einem die Gelegenheit geboten wird, etwas Besonderes zu tun – etwas, das nur man selbst leisten kann und das perfekt zu den eigenen Talenten passt. Welch Tragödie, wenn man diese Chance nicht nutzen kann, weil man unvorbereitet war, als die eigene Sternstunde eintreten sollte.«

Winston S. Churchill

»Der Zufall begünstigt nur den vorbereiteten Geist«, sagte einst der Chemiker Louis Pasteur. Gelegenheiten zu erkennen und beim Schopf zu packen ist die Voraussetzung dafür, ein erfolgreiches Leben zu führen. Das kann uns niemand abnehmen. Nur derjenige, der den Sprung ins kalte Wasser wagt, wenn der passende Augenblick gekommen ist, kann seinem großen Vorhaben näherkommen. Wer in den Startlöchern hängenbleibt und auf den »perfekten Moment« wartet, wird sich vermutlich früher oder später fragen: »Wo ist nur die Zeit geblieben! Und was ist bloß aus meinen Träumen geworden?«

Initiative zu ergreifen bedeutet nichts anderes, als aktiv nach Lösungswegen für die eigenen Herausforderungen, nach hilfreichen Kontakten für die nächsten Schritte, nach neuen Abzweigungen für die weitere Reise zu suchen, anstatt darauf zu hoffen, dass ein Retter von außen kommt, der einen an die Hand nimmt und in den sicheren Hafen geleitet. Das heißt nicht, dass man sich unüberlegt in jedes Abenteuer stürzen sollte. Einen vorbereiteten Geist zu haben, um die richtigen Chancen ergreifen zu können, heißt vielmehr: sich seiner Werte, Ziele und nötigen Fertigkeiten bewusst zu werden und zu wissen, welche Richtung man einschlagen will. Das muss Immanuel Kant im Sinn gehabt haben, als er sagte, dass der Ziellose sein Schicksal erleidet, während es der Zielbewusste gestaltet.

LENCKE STEINER – MEHR TUN, WENIGER REDEN

Lencke Steiner saß gerade in einem Café in Frankfurt und unterstützte ein junges Flüchtlingsmädchen per E-Mail dabei, ein Praktikum bei einer Bank machen zu können, als ich für unser Gespräch eintraf. Wir hatten vorab schon mehrmals telefoniert und über Monate hinweg versucht, einen Termin für ein persönliches Treffen zu finden. Nachdem wir uns ausgetauscht hatten, war ich mehr als froh und dankbar, dass ich so hartnäckig geblieben war und das Treffen hatte stattfinden können.

Lencke engagierte sich bereits mit 20 Jahren für den Bund der jungen Unternehmer (heute: Die Jungen Unternehmer, kurz BJU), war mit 22 Jahren Diplomkauffrau, mit 24 Jahren wurde sie Landesvorsitzende von Niedersachsen und Bremen im BJU. Im selben Jahr übernahm sie zudem neben ihrem Vater Teile der Geschäftsführung des Familienunternehmens W-Pack Kunststoffe. Mit 27 Jahren wurde sie schließlich Bundesvorsitzende der BJU und trat wenig später auch als Investorin in der Fernsehsendung *Die Höhle der Löwen* auf. Außerdem ist sie Mitglied des Bundesvorstands der FDP und sitzt in Aufsichtsräten von Dax-Konzernen.

Auf ihren Antrieb und ihre Motivation angesprochen, meinte Lencke mit einem verschmitzten Lächeln: »Das ist der Trieb von den jungen Leuten: Wir wollen Fußstapfen hinterlassen und sinnvolle Arbeit leisten. Das ist auch bei mir der Fall. Deshalb wollte ich auch immer mehr machen, als ›nur‹ das Familiengeschäft weiterzuführen.« Das alleine wäre Lencke nicht visionär genug, weil es sich dabei eher klassisch um Handel und Einkauf-Verkauf dreht.

> »Ich wollte gerne etwas machen, womit man Projekte realisieren und auch größere Dinge bewegen kann. Das funktionierte zum Beispiel im Unternehmerverband gut, wo wir für Generationengerechtigkeit gekämpft oder die Vermögenssteuer verhindert haben. Diese Möglichkeiten hat man auch in der Politik, weswegen ich da mitmischen wollte. Das Klassische ›sich am Stammtisch aufregen‹, funktioniert nun mal nicht. Du musst schon anpacken und Dinge selbst in die Hand nehmen. Wenn du etwas voranbringen willst, musst du Initiative ergreifen.«

Nachdem Lencke mit 18 Jahren ihr Abitur in der Tasche hatte, stellte sich auch ihr die berühmte Frage: »Was nun?« Sie wollte schon immer das Lebenswerk ihres Vaters weiterführen, weil sie das sehr bewundernswert fand.

> »Er kam von einem Bauernhof und ist mit 15 abgehauen und zur See gefahren und hat sich dann selbstständig gemacht. Mein Papa war gefühlt schon immer der Held. Dann war meine Überlegung: Gehe ich zuerst in ein anderes Unternehmen und sammle Erfahrung wie mein älterer Bruder? Aber weil mein Vater damals schon über 60 war, habe ich mich entschieden, direkt ins Familienunternehmen einzusteigen, um alles zu verstehen und da zu sein, falls ihm irgendwas passieren sollte.«

Obwohl sie keine große Lust dazu hatte, absolvierte Lencke parallel ein Studium, weil ihr Vater dies zur Voraussetzung machte, damit sie in die Firma einsteigen konnte.

»In der Firma habe ich zu Beginn sehr viel Akquise und Kaltakquise gemacht – diese Arschlochjobs, bei denen du rausgeschmissen und beschimpft wirst. Da lernst du, dir alternative Wege zu suchen, sonst schaffst du es nicht.« Interessant an dieser Stelle anzumerken ist: Viele Arbeitgeber bemängeln heutzutage, dass sich die meisten jungen Leute und Jobeinsteiger zu schade für solche Jobs und Aufgabenbereiche sind. Wie sehr Lencke auf ihrem weiteren Weg davon profitierte, dass sie sich früh ein dickes Fell zugelegt hatte und hartnäckig nach alternativen Lösungswegen suchte, sollte sich bald zeigen.

Auf Anraten von Freunden kandidierte Lencke mit 27 Jahren bei der Wahl zum Bundesvorsitz für den Verband der Jungen Unternehmer gegen einen älteren Mitstreiter aus Düsseldorf.

> »Damals spürte ich zum ersten Mal, wie politisch so ein Verband sein kann. Ich habe vier Wochen lang Anrufe erhalten und musste mir anhören, was ich alles nicht kann und wieso ich die Falsche für den Posten bin. Mir wurden auch Deals angeboten, wie meine Laufbahn aussehen könnte, wenn ich jetzt einen Rückzieher mache; aber ich habe mich darauf nicht eingelassen.«

Ihr Vorgehen sah deshalb auch wie folgt aus:

> »Ich mache das jetzt, obwohl ich mir insgeheim dachte, es kann nicht klappen. Mein Team war zu klein und wir hatten nur vier Wochen Vorbereitungszeit. Es war klar: Das haut nur mit der richtigen Vision hin. Es muss sofort erkennbar sein, was man bekommt, wenn man mich wählt. In der Nacht vor der Wahl saß ich alleine im Hotelzimmer und dachte: Egal, was morgen passiert, es wird einen Grund haben. Wenn ich gewählt werde, muss das einen bestimmten Grund haben und andersrum genauso. Ich wusste dann für mich: Ich werde nicht von dem Ergebnis enttäuscht sein, weil ich rückwirkend erkennen werde, was der Grund dafür war.«

Trotz des deutlich kleineren Wahlteams gewann sie die Wahl – mit einer einzigen Stimme Unterschied.

> »Nach meinem Sieg wurde es dann crazy – im positiven Sinn. Ich wurde zu allen möglichen Veranstaltungen eingeladen, hatte fast alle TV-Talkshows durch und habe danach auch persönliche Einladungen und persönliche Briefe von großen deutschen Persönlichkeiten aus unterschiedlichen Bereichen erhalten, darunter auch einige meiner Vorbilder.«

Lencke durfte zum Beispiel am Salzburger Trilog teilnehmen, einer visionären, internationalen und interdisziplinären Veranstaltung. »Wir diskutieren da Themen wie die weltweiten Flüchtlingsströme und die Führungsrolle in der Zukunft. Die Teilnehmer kommen aus der ganzen Welt: Afrika, Iran, Irak, Russland – Menschen, die sich sonst nicht an einen Tisch setzen würden, arbeiten visionär und neutral an einem Thema und überlegen gemeinsam, was man zukünftig besser machen kann.« Im Anschluss wird ein Papier erstellt, das als Handlungsempfehlung an die EU-Kommission geht.

»Dieser Wahlsieg und das Amt, das ich dadurch innehatte, hat viel für mich in Bewegung gesetzt und ausgelöst. Das hat mich einen großen Schritt weitergebracht.«

Das klingt erst einmal nach einem ziemlich geradlinigen Aufstieg, mit vielen Höhen und wenig Tiefen.

»Wo finde ich die Kehrseite in deinem Leben?«

> »Rückschläge und harte Phasen gibt es immer, das gehört dazu. Es gab zum Beispiel eine Zeit, da prasselten so viele vernichtende Kritiken und fiese Beleidigungen über die sozialen Medien auf mich ein, weil ich mich gegen die Rente mit 63 ausgesprochen hatte, dass ich mir schon manchmal dachte: Es reicht, ich habe keinen Bock mehr – wieso soll ich mir das noch länger antun?«

»Wie bist du mit der Kritik und den Beleidigungen umgegangen?«

»Auch da musst du reinwachsen. Das ist anfangs wirklich nicht schön. Ich habe mir aber die Zeit genommen und auf alle Kommentare in den sozialen Medien und Briefe, die auch nur einen geringen Ansatz von konstruktiver Kritik hatten, persönlich geantwortet. Das hat dazu geführt, dass Leute in den Social-Media-Kanälen sich bedankt haben und meinten: ›Du bist ja total nett.‹ Schon krass, wie schnell Leute glauben, dich zu kennen. Ich habe nichts gelöscht und bin sehr transparent damit umgegangen. Dadurch wurde es dann deutlich besser. Irgendwann habe ich die Sichtweise eingenommen: Jeder Angriff ist ein Kompliment. Ich habe es nicht mehr an mich rangelassen.«

An dieser Stelle merke ich, dass es Lencke durchaus bewegt und hake noch einmal nach: »Wieso hast du trotz allem weitergemacht?« Die unmissverständliche Antwort: »Veränderungswille. Ich hatte mein Ziel definiert und kann das dann doch nicht hinschmeißen. Das läuft nicht und das geht nicht.«

»Woher nimmst du die Energie, dein Ziel so vehement zu verfolgen?«

»Darüber habe ich schon oft nachgedacht. Ich glaube, es sind zwei Hauptfaktoren. Einmal: mein Papa. Er ist schon ein Mensch vom alten Schlag – Frauen sind da nicht so viel wert. Kinder und Küche sind Teil seines Frauenbilds, aber er hat für mich nicht diesen Weg gesehen; ganz zu schweigen davon, dass er ihn für mich definiert hätte. Er hat mich spüren lassen, dass in seiner Vorstellung Frauen eigentlich keine Ahnung vom Geschäft haben. Ich wollte ihm immer zeigen, dass sein Bild von Mann und Frau alt und schwachsinnig ist. Mein Vater hat mich gefördert, indem er mich alleine gelassen hat. Daraus ist ein großer Antrieb entstanden. Und das andere: Mich haben immer Leute fasziniert, die nachhaltig etwas bewegt haben und von denen man sagen kann, sie haben Spuren hinterlassen. Die Chance, Dinge besser und anders gestalten zu können, wollte ich für mich ergreifen. Das hat mich angetrieben.«

Ähnlich wie bei Kontra K, gab es also auch bei Lencke keinen großen Förderer. Sie hat dadurch ebenfalls eine Kämpfernatur entwickelt, die Dinge selbst in die Hand genommen und es ihrem Umfeld beweisen wollen. Vorbilder gab es für sie dennoch zahlreiche, in den unterschiedlichsten Formen.

> »Ich mag Macher und Leute, die Dinge bewegen und anpacken, aber kürzlich habe ich auch einen Taxifahrer kennengelernt, von dem ich so viel lernen durfte! Wir hatten eine 30-minütige Fahrt zusammen und er hat mir dann ein wenig von seiner Geschichte erzählt, die wirklich so schlimm ist, dass du dir denkst: Da kann man sich eigentlich nur noch den Strick nehmen! Da war echt alles dabei – also wirklich richtig, richtig kacke. Und er hatte nur gute Laune und das war nicht gespielt. Da habe ich ihn gefragt: ›Sag mal, wie machst du denn das?‹ Er hat dann einen Schmierzettel rausgeholt und da stand sein persönlicher 10-Punkte-Plan für einen glücklichen Tag drauf, mit Punkten wie: mindestens zwei Minuten täglich lachen, drei Lieblingslieder laut singen und so kleine Geschichten. Und ich habe nur zu ihm gesagt: ›Wie geil bist du denn?!‹ Ein Vorbild muss nicht immer der High-End-Unternehmer sein. Wir können uns von jedem etwas abschauen!«

Zum Umgang mit ihrem Team und der eigenen Vorbildrolle sagt Lencke demütig:

> »Meinen Führungsstil bezeichne ich als kommunikativ-konsequent; vor allem in der Politik in meiner Fraktion, weil ich dort ein junges Team habe. Ich sehe mich selbst als Teil des Teams, bin nicht diejenige, die sich auf ein Podest stellt. Ich kommuniziere und agiere auf Augenhöhe, zeige sehr viel Wertschätzung, gerade was ältere Teammitglieder angeht. Ich sage ihnen: ›Ihr habt die Erfahrung, ich habe sie noch nicht.‹ Ich versuche, jeden besser werden zu lassen, als ich es bin, weil dann muss ich gewisse Dinge nicht selbst machen und nicht selbst können. Ich achte darauf,

dass jeder seine Stärken zum Ausdruck bringen und in seinem Bereich sehr frei und eigenständig arbeiten kann. Das klingt erst einmal cool und entspannt, bedeutet gleichzeitig aber auch, dass jeder eine klare Verantwortung trägt.«

»Und was macht dich am meisten aus?«

»Meine Stärke besteht darin, die Leute im Team abzuholen, mitzunehmen, zu begeistern und eine Atmosphäre herzustellen, in der sich die Mitarbeiter wohlfühlen. Dadurch entsteht eine unglaubliche Dynamik und Power. In der Fachkompetenz würde ich heute nicht mehr meine Stärke sehen. Das war früher anders. Da dachte ich immer, ich muss alles können und habe mich überall reingehängt und reingearbeitet. Mittlerweile habe ich zum Glück gelernt, Dinge abzugeben.«

Sich mit Lencke zu unterhalten, macht Spaß und ist meiner Meinung nach eine große Bereicherung, weil sie schon jede Menge erlebt und viel von der Welt gesehen hat, weil sie viele Zusammenhänge sehr klar erkennt, ergreifend und persönlich aus ihrem Leben berichtet, viel lacht, durch ihre reflektierte Art und ihre durchdachten Aussagen wertvolle Impulse griffig vermitteln kann. Als es in unserem Gespräch darum ging, was sie anderen jungen Menschen mit auf den Weg geben würde und welche zentralen Erkenntnisse sie bisher aus ihrem Leben ziehen durfte, wurde klar, wie sehr ihr dieses Thema am Herzen liegt. Sie hatte so viel mitzuteilen, dass sie an einer Stelle eine kurze Pause machte, lachte und sagte: »Jetzt habe ich dich ganz schön überfahren, oder? Du sagst Bescheid, wenn ich weniger reden soll.« Im selben Atemzug ging der Redefluss weiter:

»Eine wichtige Lehre aus meinem Leben: Du darfst dich immer nur innerhalb deines eigenen Mikrokosmos auskotzen. Das habe ich auf die harte Tour gelernt, als ich mich gegen die Rente mit

> 63 ausgesprochen habe. Da war ich auf einmal die Junge, die gegen die Alten vorgeht. In dem Moment, in dem du deinen Mikrokosmos verlässt, hast du verloren, du hast einfach keine Chance. Wenn du als Junger etwas gegen die Jungen sagst, ist das kein Problem. Ein Alter darf auch etwas gegen die Alten sagen, das ist kein Problem; aber nicht andersrum. Ich hatte zwar gute Absichten, aber wurde dafür wirklich übel beschimpft.«

Doch auch hier konnte Lencke aus dem Negativen wieder einen positiven Effekt für sich mitnehmen:

> »Witzig war: Der Shitstorm kam über alle Kanäle, ich habe auch viele Anrufe in der Firma erhalten und die immer abgewimmelt. Einer der Anrufer war allerdings der Vorstand eines Dax-Konzerns, der mich für den Beirat gewinnen wollte. Das war mir dann zwar kurz unangenehm, aber ich habe sofort gesagt: ›Ja, sicher. Ich bin dabei. Was muss ich denn da machen?‹ *(lacht)* Seine sensationelle Antwort war: ›Kommen Sie einfach mal vorbei, sie müssen sich nicht groß vorbereiten und sie werden auch schnell erkennen, wieso wir sie dabei haben wollen.‹ Dadurch hat er mir ein wahnsinniges Selbstvertrauen gegeben. Ich war ein junges Mädel, hatte mindestens 30 Jahre Abstand zum nächst jüngeren Beiratsmitglied – und natürlich stellst du dir da Fragen: ›Was mach ich hier eigentlich? Bin ich hier richtig? Darf ich überhaupt hier sein? Habe ich die nötige Qualifikation?‹ Durch seinen Ausspruch: ›Du wirst es selbst erkennen‹, hat er mir sämtlichen Druck genommen und ich konnte sehr entspannt auftreten.«

Diese Erfahrung hat ihr seitdem für alle weiteren Treffen mit hohen Persönlichkeiten geholfen. »Da wir Jungen eine andere Sichtweise haben, können wir alleine dadurch schon einen Mehrwert bieten«, sagt Lencke nachdrücklich, weil es ihr wichtig ist, dass man sich nicht des Alters wegen zurückhalten lässt.

»Kurze Zeit später rief mich ein Kumpel an, der Berater bei Sony Pictures war und meinte, die würden für eine Sendung[1] noch jemanden suchen, der meinem Profil entspräche – jung, weiblich, blond und unternehmerisch affin. Da habe ich gesagt *(lacht wieder herzlich)*: ›Geil, kann ich. Wo muss ich hin?‹ Und dann habe ich mich bei Sony vorgestellt, hatte ein super Gespräch und so bin ich Jurymitglied in der Sendung geworden und hatte keine Ahnung worauf ich mich einlasse – also wirklich null.«

Sie war zwei Jahre lang als »Löwin« tätig und richtet auch bei dieser Erfahrung den Fokus besonders darauf, was sie daraus gelernt hat:

»Mein Ziel war es, Gründertum in die Masse zu bringen und die Botschaft zu vermitteln: Gründen kann jeder, unabhängig vom Hintergrund.

Als es einmal zu einem kurzzeitigen Teamkonflikt kam, habe ich dabei eine der wichtigsten Lektionen im Leben für mich mitgenommen: Wenn du deinen Gegenüber nicht mit Stärke besiegen kannst, dann erdrück ihn mit Liebe. Ich habe mich hingesetzt und mir die folgenden Fragen gestellt und schriftlich beantwortet:

1. Was kann ich an dieser Person bewundern?
2. Was finde ich an der Person gut?
3. Was kann die Person richtig toll?
4. Welche von ihren Eigenschaften hätte ich gerne?

Das ist übrigens echt schwer. Aber du merkst, wenn du das einmal gemacht hast: Deine Einstellung gegenüber der Person verändert sich enorm und deine Gestik und Mimik verändern sich ebenfalls. Du bist offener. Die Begegnung wird dadurch eine ganz andere. Das hat alles an der Situation geändert. Das Miteinander wurde

1 Die Fernsehsendung *Die Höhle der Löwen*

viel angenehmer und es hat einfach viel mehr Spaß gemacht. Das heißt: Es funktioniert, aber es ist stellenweise sehr hart. Das war eine echt coole Erkenntnis.«

Nach unserem Gespräch habe ich mir diese vier Fragen fett auf ein Blatt Papier geschrieben und in mein Zimmer gehängt. Für den zwischenmenschlichen Umgang macht das Beantworten der Fragen, wie Lencke schon sagte, einen enormen Unterschied.

In jeder Phase ihres Lebens kam eine Sache immer besonders zum Ausdruck: Sie hat sich nie in eine Opferrolle pressen lassen, sondern immer versucht, sich dem Schicksal zu stellen, Chancen zu ergreifen und weiterzumachen. Wie wir im ersten Kapitel schon gesehen haben, kann für so eine Einstellung die eigene Auffassung von Erfolg ausschlaggebend sein. Lenckes Meinung dazu:

»Ich habe eine etwas komische Vorstellung von Erfolg: Ich rede mir immer ein, dass alles einen Grund hat, auch wenn ich diesen noch nicht erkennen und finden kann. Rückblickend finde ich ihn immer. Wenn heute etwas nicht klappt, dann klappt vielleicht dafür in einigen Monaten etwas ganz anderes. Ich sehe Fehler und Niederlagen oft nicht als deprimierend an und glaube, dass jeder Stein, der mir in den Weg gerollt wird, auch als Meilenstein zu sehen ist, und daraus kann ich etwas Neues basteln. Schwierige Phasen ermöglichen immer auch einen anderen Blickwinkel einzunehmen.«

Ihr abschließender Impuls lautet:

»Ich würde jedem empfehlen, das zu tun, woran er Freude hat und wofür er sich begeistern kann. Das soll gar nicht wie die ›Spaßgesellschaft der Jungen‹ klingen, sondern hat den Hintergedanken: Sobald du Freude an dem hast, was du tust, kannst du auch richtig gut werden. Ich würde mich nie fragen: ›Wo kann ich am meisten Kohle machen?‹ Das kann langfristig nicht zu Erfolg führen. Deswegen habe ich mich auch einmal länger mit der Frage befasst: »Wenn mir jemand fünf Millionen Euro schenkt, was mache ich dann?« Wenn du dann etwas anderes machen würdest, als das, was du gerade tust, wird es wirklich Zeit nachzudenken, ob du gerade auf dem richtigen Weg bist.«

DELIA FISCHER – LEARNING BY DOING

Das erste Mal hörte ich von Delia Fischer und ihrem Unternehmen Westwing, als eine gute Freundin dort im Jahr 2013 ein Praktikum machte und mir nach der Arbeit oft begeistert von dem Unternehmensklima und den Produkten erzählte. Westwing ist ein Internetversandhandel rund um das Thema Wohnen und Leben, der von namhaften Investoren finanziert wird, und ist Marktführer im Bereich Home & Living E-Commerce. Noch nie zuvor hatte ich erlebt, dass ein Praktikant so über seine Arbeit ins Schwärmen geraten war. Also fragte ich, was so besonders an dem Unternehmen und dem Praktikum sei. Meine Freundin überlegte kurz, lachte verlegen und sagte: »Das klingt jetzt vielleicht kitschig, aber die Leute, die dort arbeiten, sind alle supernett und machen ihre Arbeit gerne. Das hat sich automatisch auf mich übertragen.«

Als ich drei Jahre später in Delia Fischers Büro saß, um mit ihr über ihre Geschichte und ihre Motivation zu sprechen, musste ich schmunzeln. Denn als ich Delia fragte, was Westwing besonders mache, meinte sie nach kurzem Überlegen: »Das mag wie ein Klischee klingen, aber unsere Kunden sagen alle: »Die Leute in eurem Unternehmen sind alle freundlich und man hat bei ihnen sofort das Gefühl, dass sie ihre Arbeit wirklich gerne machen.‹«

Seit der Gründung im Jahr 2011 ist Westwing rapide gewachsen. Mittlerweile arbeiten über 1600 Menschen für das Unternehmen und es ist in 14 Ländern vertreten. Wie hat diese junge, attraktive, blonde Dame aus einem kleinen Dorf in der Nähe von Nördlingen es geschafft, in so kurzer Zeit solch ein florierendes Unternehmen hochzuziehen und was ist ihr Antrieb? Das habe ich mich vor unserem Treffen gefragt. Delia beginnt zu erzählen:

> »Ich habe schon immer gerne gearbeitet. Neben der Schule hatte ich verschiedenste Jobs: in der Reinigung gearbeitet, im Irish Pub gekellnert, Zeitschriften ausgetragen, für eine lokale Zeitung geschrieben. Ich wollte neben der Schule verschiedene Einblicke gewinnen und natürlich auch mein Taschengeld etwas aufbessern. Ich denke, das kennen die meisten: In jungen Jahren haben nur wenige den *einen* Traumberuf, den sie unbedingt ausüben möchten, da haben mir die unterschiedlichen Eindrücke geholfen. Und dann habe ich mir gesagt: Ich finde Journalismus cool, habe da schon ein wenig Erfahrung, durfte erste Texte schreiben und es machte mir viel Spaß. Das würde ich gerne weiterverfolgen.«

Nach ihrem Abitur wollte sie dann raus und neue Erfahrungen sammeln.

> »Ich fand durch Zufall den Studiengang Mode, Journalismus und Medienkommunikation. Das hat mich sehr angesprochen, weil es verschiedene Interessensgebiete von mir verbindet. Als ich feststellte, dass dieses Studium nur an einer privaten Uni möglich war, dachte ich sofort: Okay, das kann ich mir abschminken. Ich hätte auch nie von meinen Eltern erwartet, dass sie das für mich bezahlen. Aber da für meine Eltern die Ausbildung der Kinder sehr wichtig war, haben sie gesagt, dass ich es machen kann, aber dafür auf andere Dinge verzichten und neben der Uni auch arbeiten muss, um mir mein Leben selbst zu finanzieren. Das habe ich dann auch so gemacht und es hat sich als gute Entscheidung erwiesen.«

Die praktischen Erfahrungen, die sie während des Studiums mitnehmen durfte, waren wegweisend für Delia.

> »Wir sollten an der Uni einige Praktika machen und so bin ich dann auch mal bei der *Elle*[2] gelandet, habe in Dubai bei einer PR-Agentur ein Praktikum gemacht und das fand ich beides echt super. Nach dem Studium musste ich mich entscheiden, wo ich anfangen wollte, weil mir glücklicherweise beide eine Stelle anboten. Ich wäre gerne ins Ausland gegangen, aber das *Elle*-Team hat mir so gut gefallen und die Zeitschrift ist auch renommiert. Deswegen bin ich für ein Volontariat dorthin gegangen und dann Redakteurin geworden.«

Doch das Praktikum in Dubai spielte eine wesentliche Rolle dabei, dass Delia mit 26 Jahren den Schritt ins Ungewisse wagte, ihren guten und sicheren Job bei der Frauenzeitschrift kündigte und ein Unternehmen gründete, obwohl die Finanzierung zu dem Zeitpunkt noch nicht gesichert war. Die PR-Agentur, bei der Delia in Dubai arbeitete, wurde von zwei jungen deutschen Frauen geleitet.

> »Mit ihnen habe ich viel über das Thema Selbstständigkeit und eigene Firma gesprochen. Sie meinten, dass es einerseits schon super wäre, aber haben mir geraten, unbedingt vorher irgendwo zu arbeiten und Erfahrung zu sammeln. Sie meinten außerdem, es sei wichtig, vorher zu lernen, sich zu organisieren; zu lernen, wie gewisse Prozesse ablaufen, bevor man selbst etwas startet. Das fand ich sofort einleuchtend und das würde ich auch heute jedem raten, um nicht zu blauäugig an die Sachen ranzugehen.«

Ihre Zeit bei der Frauenzeitschrift entpuppte sich in der Tat als ideales Sprungbrett: »Bei der *Elle* zu arbeiten, hat mir sehr viel Spaß gemacht, ich habe jede Menge gelernt und auch wertvolle Kontakte

---

2 Die *Elle* ist eine internationale Frauenzeitschrift mit sechsstelliger Auflage.

geknüpft. Nach etwas mehr als vier Jahren dort habe ich mir dann immer intensiver Gedanken darüber gemacht, ob es nicht Zeit wäre, bald etwas Eigenes auf die Beine zu stellen.« Zuerst waren es nur Hirngespinste wie ein Buch schreiben, ein eigenes T-Shirt-Label aufbauen und ein paar andere Ideen, die sich Delia ausmalte. Ein privater Umzug diente schließlich als Initialzündung:

> »Mir ist dabei aufgefallen: Die ganzen Marken, die ich in der *Elle* immer vorstelle, an die kommt man verdammt schwer ran und außerdem sind die wirklich teuer. Zu der Zeit gab es zwar schon einiges an Mode online, viele Menschen haben sich Schuhe und Jeans im Internet bestellt – was ja nicht gerade unkompliziert mit den Größen ist –, da dachte ich mir: Es müsste doch auch einen Markt dafür geben, online Einrichtung, wie schöne Deko – Gläser, Lampen et cetera – zu verkaufen.«

Weil Delia zu dem Zeitpunkt noch nichts von der Onlinebranche verstand, fragte sie ihren Kumpel Stefan – bis heute ihr Partner bei Westwing – um Rat, ob es sich bei der Idee um ein weiteres Hirngespinst handele oder ob er darin echtes Marktpotenzial sehe.

> »Stefan war damals der Einzige in meinem Umfeld mit Start-up-Erfahrung, also habe ich ihm von meiner Idee erzählt und er fand sie ansprechend, wollte aber erst einmal externes Feedback von Leuten einholen, die sich besser in dem Bereich auskannten. Er hat sich dann schlau gemacht und meinte: ›Delia, nicht nur du findest in dem Bereich nichts, so etwas gibt es innerhalb von Europa bisher einfach nicht.‹«

Obwohl Delia von sich selbst sagt, sie sei nicht unbedingt risikoaffin, witterte sie hier ihre Chance, ergriff die Initiative und handelte. »Wir haben ziemlich schnell gesagt, wir probieren das gemeinsam und haben dann Ende Februar 2011 gekündigt. Ich wusste, ich muss irgendwann mein Herz in die Hand nehmen und den Sprung ins kalte

Wasser wagen.« Anfang März stand dann bereits der erste Investoren-Pitch auf dem Programm.

»Wir saßen in einem Meetingraum mit sechs Männern und einer Frau und ich dachte mir: ›Zum Glück ist eine Frau dabei, die versteht bestimmt besser, was wir hier aufziehen möchten!‹ Sie hat aber leider nur Notizen gemacht und die Männer konnten erst einmal gar nichts mit der Idee anfangen; sie haben es wirklich null verstanden. Einer von ihnen ist sogar einfach aus dem Raum gegangen, weil er sich wohl gedacht hat: ›Das bringt ja eh nichts.‹«

»Wie bist du damit umgegangen?«

»Es war eine ungewohnte Situation für mich, weil wir bei der *Elle* eigentlich nur Frauen waren und uns leidenschaftlich mit solchen Themen beschäftigt haben. Stefan und ich sind dann entsprechend geknickt aus dem Meeting rausgegangen. Aber eine Woche später haben sich die Investoren bei mir gemeldet und meinten: ›Pass auf Delia, wir hatten noch nie jemanden wie dich hier bei uns; du hast kein BWL studiert, kommst aus der Lifestyle-Ecke und willst etwas verkaufen, das für uns erst einmal komisch klingt. Aber wir haben abends mit unseren Frauen darüber gesprochen und die meinten sofort, es wäre super, wenn es so etwas gäbe.‹ Letztlich habe ich es also den Ehefrauen zu verdanken, dass wir ein erstes Investment erhalten haben.«

Die Gewissenhaftigkeit – sicherlich eine große Stärke von Delia – mit der sie ihr Unternehmen leitet, hat auch den Übergang in das Start-up erleichtert: »Wir haben während der Kündigungsfrist alles akribisch vorbereitet und sind im Mai in unser erstes Büro gezogen. Das war hier in München in Westend – daher ist dann auch der Name der Firma gekommen.«

Dann ging es Schlag auf Schlag für Delia und Westwing.

»Im August 2011 sind wir mit einem Soft Launch online gegangen – das lief nur über Einladung. Im September haben wir dann richtig gelauncht. Was mich dabei am meisten erstaunt hat: Unser Büro war gefühlt riesig; wir hatten etwa 450 Quadratmeter und ich dachte mir nur: ›Das kriegen wir ja nie voll.‹ Mein Vater, der sehr bodenständig ist, hat beim ersten Besuch zu meiner Mutter gesagt, dass wir wahnsinnig sind. Wir haben uns dann ein anderes Start-up als Untermieter mit ins Büro geholt, das aber schnell wieder ausziehen musste, weil wir so rapide gewachsen sind. Im Weihnachtsgeschäft 2011 sind wir dann mit Bestellungen überrannt worden. Wir hatten keine Erfahrung, wie das Weihnachtsgeschäft im Retail-Bereich abläuft und hatten demnach auch eine eher dilettantische Logistik. Wir hatten einfach einen leerstehenden Getränkemarkt, in dem alle Sachen standen und mussten wirklich alle ins Lager fahren, inklusive meinem Vater – der am Anfang immer helfen musste, wenn es mal gebrannt hat. Die Logistik hätte uns anfangs fast gekillt.«

»Wie habt ihr euer Unternehmen denn so schnell aufgebaut und woher hast du das nötige Know-how und Selbstbewusstsein genommen, ein Team zu leiten, neue Märkte zu erschließen und das Tagesgeschäft nicht aus den Augen zu verlieren?«

Wie bei Lencke Steiner, Philipp von der Wippel und Philipp Stein war das Team entscheidend:

»Stefan und ich haben immer gesagt: ›Egal wie gut jemand ist, wir stellen keine Arschlöcher ein.‹ Und ich bin auch bis heute der festen Überzeugung: Leute müssen immer ins Team passen, sonst funktioniert es nicht. Unsere Firmenkultur ist auch darauf ausgelegt, dass wir durch Harmonie Erfolg haben, anstatt zu schauen, wer die dicksten Ellbogen hat. Wir funktionieren als Team und nicht durch Einzelkämpfer. Das Team ist der Schlüssel. Wir haben deshalb auch noch drei weitere Gründer mit ins Boot geholt, was meiner Meinung nach sehr wichtig war, weil wir uns nach Stärken aufgeteilt haben. Ein tolles Gründerteam zu haben, ist wahnsinnig wichtig. Keiner kann alles und wenn man schnell vorankommen will, muss jeder klare Verantwortung tragen, sonst tritt man auf der Stelle.«

Niemand kann alles. Man braucht ein gutes Team, das hinter einem steht und auf das man sich verlassen kann.

»Was macht dich aus? Wieso glaubst du, dass du so schnell solchen Erfolg mit deinem Unternehmen erzielen konntest?«

»Ich habe immer einen Learning-by-Doing-Ansatz vertreten. Man muss die Bereitschaft und die Begeisterung aufbringen, sich immer mit neuen Ansätzen zu beschäftigen und dadurch besser werden zu wollen. Wir haben uns alle in der Firma auch gegenseitig geholfen und voneinander gelernt. Die Jungs verstehen jetzt zum Beispiel viel mehr über Interior-Design. *(lacht)* Und ganz wichtig ist einfach: Ich liebe unsere Produkte. Ich war vor Kurzem zum Beispiel auf einer Messe in North Carolina und finde es so aufregend, neue Sachen für unsere Kunden zu finden, die sie sonst nicht bekommen, die sie überraschen und über die sie sich genauso freuen können, wie es bei mir der Fall ist. Das treibt mich enorm an. Bei uns geht es letzten Endes um das Zuhause, wir wollen das Heim von Menschen schöner und gemütlicher machen, weil es so ein wesentlicher und emotionaler Bestandteil des Lebens ist und wir wollen, dass sich Menschen zu Hause wohlfühlen und zur Ruhe kommen können.«

Obwohl Delia seit 2011 mit Westwing eine unglaubliche Entwicklung hingelegt hat, sieht sie sich noch lange nicht am Ziel. Im Gegenteil: Sie hat noch eine Menge vor mit ihrem Unternehmen.

»Es gibt noch so viele Ziele, die wir erreichen wollen – auch viele Dinge, die wir noch gar nicht machen können, weil es vom technischen Stand her nicht möglich ist. Wir könnten mit Virtual und Augmented Reality zum Beispiel echt so coole Dinge machen, daher bin ich mir sicher: Westwing wird noch ein paar Jahrzehnte lang mein Baby bleiben. Wir bieten jetzt schon über 200.000 Produkte an und wollen natürlich unseren Kunden immer das Neueste und Beste zur Verfügung stellen.«

Doch nicht nur mit Westwing hat Delia noch einiges vor. Sie ist sich durchaus darüber im Klaren, dass sie als junge, erfolgreiche Unternehmerin auch als Vorbild Verantwortung trägt, der sie auch gerecht werden will.

»Was mir persönlich ein großes Anliegen ist: Ich hoffe sehr stark, noch mehr Frauen und junge Mädels dazu ermutigen zu können, ebenfalls den Schritt in die Selbstständigkeit zu wagen. Jungs sind da tendenziell ein bisschen selbstbewusster und packen die Dinge an, während Mädels sich manche Dinge nicht zutrauen und mit sich selbst hadern. Ich will auf jeden Fall durch mein Beispiel Frauen motivieren und zeigen, dass es machbar ist.«

Abschließend will ich von Delia noch wissen, was es für sie bedeutet, erfolgreich im Leben zu sein, und was sie anderen Menschen für ihren weiteren Weg mit auf die Reise geben möchte.

»Erfolgreich sein bedeutet für mich, sich immer wieder neue und große Ziele zu setzen, die sich erreichen lassen, aber für die man sich schon strecken muss. Erfolg heißt für mich nicht, viel Geld zu machen, weil das alleine nicht zum Glücklichsein führt. Und das ist ein ganz wesentlicher Punkt: Man braucht einen Grund, morgens aufzuwachen und in den Tag starten zu wollen – egal ob du eine Firma hast oder Karpfen züchtest *(lacht)*, du brauchst ein Motiv zum Aufstehen, sonst kannst du nicht

erfolgreich sein. Wenn man keinen Antrieb hat, ist man auch nicht glücklich.
Meine Tipps: Ranklotzen. Immer wieder. Es gibt niemanden, der erfolgreich ist, ohne etwas dafür zu tun. Niemand kann alles. Man braucht ein gutes Team, das hinter einem steht und auf das man sich verlassen kann. Und man darf sich nicht selbst auf der Strecke verlieren. Das Wichtigste ist, man selbst zu bleiben und authentisch zu sein. Die Menschen im Umfeld merken, wenn man versucht sich zu verstellen.«

CONRAD CAINE – OHNE FOKUSSIERUNG KLAPPT ES NICHT

Bei der Auswahl der jungen Überflieger legte ich neben dem interessanten Hintergrund, der motivierenden Geschichte und der Vorbildfunktion Wert darauf, dass die Personen auch über ein spezielles Charisma verfügen. Mein Brandbuilding-Berater Florian Kähler machte mich auf Conrad Caine aufmerksam: »Ich kenne da einen, der perfekt in dein Buch passt. Der hat sich schon mit 12 oder 13 selbst Programmieren beigebracht und während der Schulzeit sein eigenes Geschäft aufgebaut. Wenn du den kriegst, was bestimmt nicht einfach sein wird, hast du ein echtes Genie mit dabei! Und Charisma hat der allemal, das wirst du schnell merken.« Das klang fast wie eine Warnung. Womit Florian auf jeden Fall Recht hatte: Einen Termin mit Conrad Caine (gebürtig: Dominic Hartmann – mehr zur Entstehung des Künstlernamens gleich) zu vereinbaren, war alles andere als einfach.

Conrad Caine mag auf den ersten Blick von seiner Art und seinem Erscheinungsbild her leicht zerstreut und wie ein kleiner Einstein wirken – auch die Frisur weist gewisse Ähnlichkeiten auf. Er ist sehr direkt, seine Antworten sind kurz, aber inhaltsreich und sein Denken ist scharf und einschüchternd schnell. Nur Deutsch-Papst Wolf Schneider hatte mir zuvor schon einmal das Gefühl vermittelt, wenn ich ihn nicht auf Trab hielte, würde er womöglich die Unterhaltung abbrechen, weil er sich gelangweilt fühlte, und sich einer sinnvolleren Tätigkeit widmen. Bei Conrad war es ähnlich. Diese Intensität – sie mag nicht unbedingt angenehm sein – faszinierte mich und ich konnte gut nachvollziehen, dass er das Abitur aus Langeweile abgebrochen hatte, um sich »aufregenderen Dingen« zu widmen, dass er als Teenager bereits als Wirtschaftswunderkind bezeichnet worden war und dass er mit 21 Jahren als Hochschuldozent angefragt wurde, obwohl er keinen Schulabschluss vorzuweisen hat.

»Wie kommt man dazu, sich mit 13 Jahren Programmieren beizubringen, eine Digitalagentur aufzubauen und mit knapp 30 Jahren Anteile von dieser Agentur an den weltgrößten Werbekonzern WPP zu verkaufen?«

> »Ich habe mit 13 begonnen, Filme zu schneiden und habe auch viel in Macro-Media-Online-Foren mitgearbeitet. Da kamen früh Leute auf mich zu und meinten, ihre Herausforderungen wären größer als das, was man in so einem Forum bearbeiten kann, und sagten: ›Wir würden dir das gerne als Auftrag geben.‹ Ich bin in den bayerischen Bergen groß geworden und hatte keine Ahnung vom Marktpreis, als ich gefragt wurde, was ich dafür haben möchte. Also habe ich die Gegenfrage gestellt, was sie dafür zahlen würden, und mir wurden 500 Mark geboten – eine stolze Summe für mich damals.«

Das Internet war zur damaligen Zeit noch sehr überschaubar, deswegen konnte er autodidaktisch vorgehen, sich selbst einiges beibringen, erste Aufträge an Land ziehen und seine eigene Firma gründen. »Meine Eltern haben glücklicherweise dafür gebürgt und ich konnte parallel zur Schule die Firma immer weiterentwickeln.« Weil sich sein Geschick jedoch schnell herumsprach, er immer mehr Aufträge generierte, aber gleichzeitig auch mehr für die Schule machen musste, kollidierte die Doppelbelastung aus Firma und Schule zunehmend.

> »Kurze Zeit später habe ich gemeinsam mit einem Freund bei einem Projekt den Bundespreis für Geschichte gewonnen – den ersten Preis des Bundespräsidenten. Dafür gab es auch ein Abendessen beim damaligen Präsidenten Johannes Rau. Das war für uns ein Signal: Die Firma lief gut, ich verdiente schon mehrere Tausend Euro im Monat, einige Freunde waren involviert und wir haben gemerkt, der Bedarf ist enorm. Ich habe dann für mich beschlossen: Wenn das so gut läuft, brauche ich die Schule nicht mehr, weil ich mir das meiste sowieso selbst beibringe. Das Abitur habe ich abgebrochen, bin mit 17 Jahren nach München gegangen und habe nur noch an der Firma gearbeitet.«

Ein durchaus gewagter Schritt, der jeglichem Sicherheitsdenken den Mittelfinger entgegenstreckt. Doch Conrad verfolgte einen klaren Plan und die Resultate sprachen schon damals für sich. Die Reaktion der Eltern auf seine Entscheidung war – wie zu erwarten war – weniger erfreulich.

> »Meine Eltern sind beide Lehrer und haben sich natürlich gewünscht, dass ich mein Abitur mache. Dementsprechend gab es nach meinem Entschluss auch einen großen Konflikt. Ich habe dann durchaus etwas überheblich gesagt: ›Ich mache alles alleine, kriege das hin und bin auf euch nicht angewiesen.‹ Ich habe dann auch mit meinen Ersparnissen in München unser kleines Büro direkt beim Englischen Garten gemietet und mit Ende 19, Anfang 20 habe ich ein weiteres Büro in Brasilien eröffnet.«

»Hattest du nicht Bedenken, das könnte in die Hose gehen und du musst zurück in die Heimat?«

> »Direkt nach der Firmengründung sind einige Kunden wegen der Dotcom-Blase pleite gegangen. Das war eine sehr schwere Zeit

und wir mussten höllisch aufpassen, dass es für uns weitergeht. Aber ich wollte auf keinen Fall zurück zu meinen Eltern und eine akademische Laufbahn verfolgen. Manchmal muss man sein Glück auch einfach erzwingen. Das ist uns gelungen. Aber klar: Wir haben schon stark auf das Kapital geschaut und überlegt, wie wir das Risiko möglichst gering halten können. Den Cashflow zu managen, war immer eine riesige Herausforderung, weil wir alles selbst finanziert haben. Das hat zum Glück für uns sehr gut geklappt.«

Anstatt die Internationalität als Wagnis zu sehen, meinte Conrad, die Expansion nach Brasilien sei für sie damals der logische nächste Schritt gewesen.

»Wir haben uns gefragt, wo wir gute, motivierte, junge und bezahlbare Leute finden können, und über einen persönlichen Zugang zu Brasilien haben wir dann dort ein neues Büro eröffnet – auch um unsere Margen zu erhöhen. Und so haben wir Stück für Stück das Unternehmen entwickelt, einige Großkunden gewonnen, wie die Munich Re und die Allianz, und haben angefangen, deren digitale Dienstleistungen zu machen und haben ständig mehr Services angeboten. Mit 21 Jahren hatte ich dann das Glück, einen Lehrauftrag in Dessau für elektronisches Mediendesign zu erhalten und das hat mir und dem Image der Firma auch gutgetan. Ich hatte außerdem das große Glück, dass viele Kunden mein junges Alter spannend fanden, mich unterstützt und auch eine Mentorenrolle eingenommen haben.«

»Die meisten 19- bis 20-Jährigen machen sich Gedanken darüber, ob und was sie studieren sollen. Woher hast du den Mut und das Vertrauen genommen, eine Firma zu leiten, Kunden zu betreuen und zu dozieren?«

»Mein Spezialwissen war zu der Zeit glücklicherweise sehr gefragt – ich wusste genau, welchen Mehrwert ich bieten kann. Das habe ich mir seit meinem elften Lebensjahr angeeignet. Ich habe mich schon früh für Software, Programmieren und Medien interessiert – das Internet hat mich einfach begeistert, und ich bin dann auch schnell reingewachsen.«

»Wie ging es dann weiter?«

»2005 haben wir die Rechtsform geändert und eine GmbH gegründet. Zu der Zeit habe ich auch ein wenig Musik gemacht und bin mit einer elektrischen Ukulele durch die Stadt gelaufen und habe einfach ein bisschen Blödsinn gemacht. Daher kommt auch der Künstlername Conrad Caine. So haben wir dann auch die Firma genannt. Die Firma ist stetig gewachsen und der Kundenstamm wurde immer größer. Wir haben dann auch ein mittleres Management eingeführt und sind konstant weiter gewachsen. Aus strategischen Gründen haben wir irgendwann gesagt, wir brauchen einen größeren Partner und dann hat WPP Anfang 2016 bei uns investiert.«

Conrads Antrieb besteht aus einer Mischung aus Begeisterung und Freude an der Arbeit sowie dem sportlichen Ehrgeiz, sein Geschäft immer weiter aufzubauen. Seit nun mehr zwei Jahrzehnten treibt er seine Projekte mit großem Elan voran und freut sich natürlich, dass die Anfrage stetig wächst. Die Anerkennung, die er dafür erhält, ist eine zusätzliche Motivationsquelle für ihn. Genauso wie die Teamentwicklung: „Ich darf Leute entwickeln, deren Prozess miterleben und das macht viel Freude. Wir können momentan zum Glück auch den Zeitgeist zu unseren Gunsten nutzen. Die ganze Welt schreit nach Digitalisierung – darauf haben wir lange gewartet. Jetzt sind wir so aufgestellt, dass wir den Kunden genau bei ihren größten Herausforderungen helfen können, und das ist eine erfüllende Arbeit.«

Sein beachtliches Spezialwissen und das unternehmerische Knowhow hat er sich größtenteils autodidaktisch angeeignet. Fleiß und durch jede neue Erfahrung dazu zu lernen, stellen für ihn den Schlüssel dar.

> »Ich habe mir sehr, sehr viel angelesen, viel Managementliteratur durchgearbeitet, allen voran Peter Drucker, und ich habe jede Menge von meinen Kunden gelernt – vor allem was den Aufbau von Unternehmen und Mitarbeiterführung betrifft. Ich habe schon immer Dinge angepackt, ausprobiert und durch Machen gelernt. Das Aktivsein hat mir am meisten geholfen.
>
> Uns hat auch immer der Blick auf die Konkurrenz geholfen. Nicht dass wir irgendwen kopiert hätten – aber zu sehen, dass es ähnliche Firmen gibt, die schon mehr als 150 Mitarbeiter haben, als wir erst 15 bis 20 hatten, war ein Ansporn. Wir haben uns gesagt: So machen wir das auch!«

»Es war nicht leicht, einen Termin für unser Treffen zu finden. Gönnst du dir auch mal Auszeiten oder haben dir das Ukulele-Spielen und das Blödsinnmachen aus deiner Jugend gereicht?«

> »Die Musik hat damals als Ventil gedient. Eine gewisse Abwechslung zur vielen Arbeit ist glaube ich für jeden gut. Heute mache ich viel Sport und gehe gerne zum Segelfliegen. Das dient als Ausgleich und macht viel Spaß. Das ist immer wichtig.«

Seine größte Stärke sieht Conrad darin, andere für sein Thema und seine Projekte zu begeistern und in ihnen die Freude zu entfachen, gemeinsam eine Firma hochzuziehen. »Ich hauche dem Ganze Sinn ein«, sagt er und ergänzt: »Ich bin aber auch gut darin, Dinge abzugeben und andere machen zu lassen, wenn etwas nicht mit meinen Stärken zusammenhängt. Ich liebe es einfach, inhaltlich, konzeptionell zu arbeiten – da bin ich auch sehr schnell drin. Mein pragmatisches Vorgehen hilft natürlich auch. Wir haben immer gefragt: ›Was ist anwendbar? Was ist sinnvoll?‹«

»Was heißt es für dich, erfolgreich zu sein?«

> »Das hängt immer stark davon ab, was man will und was Erfolg für einen bedeutet – man kann auch reich heiraten«, sagt er nach kurzem Überlegen lachend und fügt dann hinzu: »Erfolgreich sein, bedeutet für mich, dass die Firma läuft und alle Stakeholder zufrieden sind, und es parallel auf die Reihe zu kriegen, ein schönes, ausgeglichenes Leben zu führen, das nicht nur der einen Sache, dem einen großen Ziel unterworfen ist.«

»Was würdest du anderen jungen Menschen empfehlen, die vielleicht auch einmal wie du erfolgreich ein Unternehmen auf die Beine stellen möchten?«

> »Wichtig ist immer: Konzentration auf Wesentliches und Wichtiges, damit man sich nicht verzettelt. Mehr Arbeit muss nicht besser sein und zwangsläufig bessere Resultate mit sich bringen – es geht eher darum, schlauer zu arbeiten und immer den Blick auf das eine große Ziel zu richten. Meine Maxime ist: Lieber nicht so viel den Mund aufmachen, sondern die Dinge direkt erledigen. Jeder sollte auch stets wissen: ›Welchen Beitrag leiste ich zum Gesamtbild?‹ Das ist für die langfristige Motivation wichtig. Und dann geht es darum, konsequent dranzubleiben und das Ziel zu verfolgen – wenn nötig über Jahre immer wieder in die gleiche Kerbe schlagen, dann geht es zwangsläufig voran.«

JANNIKE STÖHR – DEN TRAUMJOB FINDEN

Von Jannike Stöhr hörte ich das erste Mal von Emilio Galli-Zugaro. Er war – ebenso wie sie – als Redner auf einer *Brand-Eins*-Konferenz aufgetreten und erfuhr auf dieser Veranstaltung von ihrem Traumjob-Experiment: Innerhalb eines Jahres hatte die Lebenskünstlerin in 30 verschiedenen Berufen gearbeitet, mit dem Ziel, ihre wahre Berufung zu finden und zu erkennen, was ihr am meisten Freude bereitet. Auf ihrer Liste standen unter anderem Hebamme, Pathologin, Lehrerin, Pastorin, Tischlerin, Winzerin, Reiseleiterin, Architektin, Journalistin, Biobäuerin und Fernsehproduzentin. Wichtigstes Auswahlkriterium: Die Personen, mit denen sie den Berufsalltag erlebte, mussten ihre Arbeit aus Liebe und mit Herzblut angehen. Ihre Erkenntnisse aus dem Traumjob-Experiment hat sie in ihrem gleichnamigen Buch festgehalten,[3] mit dem sie sogar den Sprung in die Wirtschaftsbestsellerlisten geschafft hat. Dies wiederum ermöglichte ihr öffentliche Auftritte, unter anderem bei TedX, im ZDF – und eben bei der besagten *Brand-Eins*-Konferenz.

Jannike bezeichnet ihre Erfahrungen selbst als »30 Highlights in einem Jahr«, weil sie dabei 30 leidenschaftliche Personen erleben durfte. Im Anschluss an das Experiment gründete sie eine eigene Beratungsfirma, um andere dabei zu unterstützen, ihren Traumjob zu finden. »Es gibt mir Kraft und treibt mich an, anderen dabei eine Stütze zu sein, ihren Platz zu finden«, beschreibt sie ihre Motivation. Wie sie für sich Erfolg definiert, erzählt mir Jannike ebenfalls in unserem Gespräch:

> »Für mich bedeutet Erfolg, dass ich mir meine Zeit selbst einteilen kann, weil Freiheit den höchsten Wert für mich hat. Solange das gegeben ist, ich meine Rechnungen bezahlen kann und andere Menschen von meinem Tun profitieren, habe ich erfolgreich gelebt.«

Bei unserem Treffen will ich aber natürlich als Erstes von ihr wissen, wie ich denn nun meinen Traumberuf finde.

> »Du musst dich selbst kennenlernen und darfst nicht auf die perfekte Lösung warten. Ausprobieren, immer weitermachen und an-

3 Jannike Stöhr: *Das Traumjob-Experiment. 30 Jobs in einem Jahr*

passen. Du musst dich in vielen verschiedenen Situationen erleben und herausfinden, wie du dich dabei fühlst. Das klappt immer nur durch das Tun. So kannst du dir direkt Feedback einholen – deswegen sage ich gerne: Probier dich selbst aus. Zwei weitere wichtige Faktoren sind Sinn und Spaß. Es muss nicht zwangsläufig die eine Sache geben – da darf man sich nicht verrückt machen!«

Das ist für sie aber nur der erste Schritt in Richtung Selbsterkenntnis. Zentrale Fragen, die man für sich in diesem Prozess beantworten sollte, lauten: »Was ist mein Motiv? Wieso mache ich das eigentlich?« Wer nur auf Anerkennung aus ist und primär auf andere hört, ist laut Jannike noch nicht auf dem richtigen Weg. »Man muss reflektieren, auf sich und seinen Körper hören und die Signale wahrnehmen«, erläutert sie. Diese Signale haben für Jannike einen höheren Stellenwert als die Meinungen anderer. Sie verlässt sich daher lieber auf ihr Herz und ihre Gefühle, wenn sie Entscheidungen trifft – auch wenn sie sich dadurch so manches Mal der Kritik ihres Umfelds aussetzt.

»Ich habe mal einen tollen Job abgelehnt und musste mir dann von allen aus meinem Umfeld anhören: ›Wie kannst du nur? Du hättest es zumindest einmal versuchen müssen!‹ Aber ich habe nach meiner Entscheidung sofort gespürt, dass es das Richtige war. Da habe ich zum ersten Mal gemerkt, was es bedeutet, der eigenen Intuition und seinem Herzen zu folgen. Und das versuche ich seitdem immer zu berücksichtigen.«

Auf die eigene Intuition zu hören, lernen wir, indem wir bewusster werden und bewusster leben – indem wir auch mal innehalten und Ruhemomente finden.

Sich Zeit für sich selbst und für Pausen zu nehmen, ist ein weiterer zentraler Punkt für Jannike.

»Wir müssen nicht immer nur auf dem Gaspedal stehen. Es gibt die Bremse aus gutem Grund. Wie würden wir denn Auto fahren, wenn die Bremse defekt wäre? Wenn überhaupt, dann vermutlich langsam, aber beständig. So kommen wir auch im Leben wunderbar voran. Wir sind auf diese Art viel agiler und können auf äußere Umstände reagieren. Und wir haben deutlich mehr Energie und können viel mehr leisten. Das habe ich auch bei den leidenschaftlichen Menschen in meinem Traumjob-Experiment erlebt.«

Sich dessen bewusst zu sein, was ihr im Leben wichtig ist, und das auch mutig auszuleben, sieht Jannike als Grundlage für Zufriedenheit im Leben an. An ihrer inneren Gewissheit kann sie ihr Verhalten und Handeln ausrichten – und das lässt sie insgesamt erfüllter leben. Was andere meinen, spielt für sie dabei nur eine untergeordnete Rolle. »Das Umfeld darf nicht ausschlaggebend dafür sein, was ich persönlich als wichtig erachte«, bekräftigt sie.

Ein zentraler Beweggrund für sie, das Traumjob-Experiment anzugehen und sich mit ihren Werten, Wünschen und Ambitionen auseinanderzusetzen, war die Krankheit ihres Vaters. Mit der Vergänglichkeit – oder anders betrachtet: mit der Kostbarkeit des Lebens – auf diese Weise konfrontiert zu werden, hat ihren Fokus und ihre Prioritäten geändert.

»In Krisen hält man inne und reflektiert: Was will ich eigentlich vom Leben? Was ist mir am wichtigsten? Was will ich jetzt anpacken und nicht länger aufschieben? Ich habe mir damals gedacht: Ich kann natürlich mein ganzes Leben lang auf etwas warten, aber irgendwann ist es auch vorbei. Ich habe gemerkt, ich muss selber aktiv werden und mich selber um die Dinge kümmern, wenn ich etwas Bestimmtes im Leben will.«

Krisen gehören zum Leben und sie können uns zum Handeln bewegen. Sie helfen dabei, sich auf das Wesentliche zu besinnen. »Oft kommt man gestärkt aus Krisen hervor, weil man reflektierter ist und weiß, was man aushalten kann«, findet Jannike, schränkt aber auch ein: »Wobei wir nicht Krisen suchen sollten, um aktiv zu werden. Wir können auch ohne Krisen durchleben zu müssen, in die Gänge kommen.« Wichtig ist es ihrer Ansicht nach vor allen Dingen, die Schwierigkeiten und Hindernisse, die uns im Leben begegnen, zu akzeptieren, statt trotzig in den Widerstand zu gehen. Letzteres bringe nämlich rein gar nichts.

Wir schweigen erst einmal eine Weile. Nicht nur sie ist durch ihre Worte bewegt. Schließlich frage ich, was sie aus ihren bisherigen Krisen und durch die bewusste Reflexion für sich gelernt habe.

> »Ich habe für mich erkannt: Ich muss den Moment genießen können und mit dem Leben im Einklang und im Reinen sein, um davon sprechen zu können, dass ich glücklich bin. ›Echt-sein-können‹ ist eine große Kunst. Ich habe gemerkt, wie gut es tut, Gefühle auch mal zuzulassen. Dadurch wird vieles leichter und reicher im Leben. Man muss nicht immer einen auf super stark machen.«

Derzeit führt Jannike bereits ein neues Experiment durch. Diesmal liegt ihr Fokus auf Jobs in der Zukunft und sie versucht, Antworten auf folgende Fragen zu finden:

- Welche Jobs wird es zukünftig noch geben?
- Welche Kompetenzen werden dafür erforderlich sein?
- Wie können wir uns am besten darauf vorbereiten?

Wir dürfen also gespannt bleiben!

DIE GELEGENHEIT BEIM SCHOPF PACKEN

Dass es so etwas wie den »perfekten Moment« nicht gibt, ist eine klassische Binsenweisheit. Nichtsdestotrotz bekommen wir oftmals zu hören, Timing sei alles. Doch wann ist es denn an der Zeit, die Initiative zu ergreifen und aktiv zu werden? Wann ist es sinnvoller abzuwarten, um nicht Gefahr zu laufen, etwas zu überstürzen? Wie kann man sicherstellen, dass man nicht zu lange zögert?

In der griechischen Mythologie wird zwischen Chronos und Kairos unterschieden: Chronos ist der Gott der Zeit. Er versinnbildlicht ihr unaufhaltsames Verstreichen und steht deshalb auch für die eigene Lebenszeit. Kairos steht hingegen für den rechten Augenblick, dessen Verpassen oft zu Reue führt und von Nachteil für den Betroffenen ist. Chronos steht demnach für einen langen Zeitabschnitt und Kairos für den günstigen Moment, in die Handlung überzutreten. Die Redewendung »Die Gelegenheit beim Schopf packen« geht zurück auf Kairos, der nur einen Büschel Haare auf dem Kopf hatte, der Rest war kahl. Wenn man den rechten Augenblick verpasst hatte, kriegte man Kairos also nicht mehr zu fassen. Auch der Begriff Kairophobie – die Angst davor, Entscheidungen zu fällen – geht auf diesen griechischen Mythos zurück.

Es sind die Dinge, die wir nicht getan haben, die Gelegenheiten, die wir tatenlos haben verstreichen lassen, die Reue in uns hervorrufen. Niemand blickt zurück und ärgert sich darüber, heute die Grundlage für etwas Größeres gelegt zu haben. Doch wie erkennen wir, dass sich Kairos zeigt und wir das Büschel ergreifen sollten, bevor wir nur noch seine Glatze verschwinden sehen? Philipp von der Wippel hat hierzu einen schönen Gedanken geäußert, als er im übertragenen Sinne meinte, wir dürften nicht der gängigen Arroganz unterliegen zu glauben, Chronos würde uns ewig begleiten und Kairos tauche dann in einigen Jahren einmal auf.

Wer Bedenken hat, die Dinge womöglich zu überstürzen, kann mit kleinen Handlungen und der stillen Vorbereitung beginnen. Conrad Caine hat es treffend so formuliert: »Wenn wir beständig in die gleiche Kerbe schlagen, geht zwangsläufig etwas voran.« Das bedeutet: Egal wie bescheiden wir starten – Hauptsache, wir kommen in die Gänge und wagen den ersten Schritt!

IMPULSE DER JUNGEN ÜBERFLIEGER

- »Trau dich zu kommunizieren, wo du hinwillst und warte nicht darauf, entdeckt zu werden. Wenn du dich aktiv einbringst, dann wirst du auch gehört.«

  Lencke Steiner

- »Ich glaube, es gibt manche Chancen nur einmal im Leben und diese Chancen muss man zu nutzen wissen.«

  Kontra K

- »Durchhaltevermögen – du darfst nie aufgeben, vor allem am Anfang nicht. Talent und besondere Fähigkeiten spielen natürlich eine Rolle, aber das allerwichtigste ist, immer weiter zu machen und nie den Kopf in den Sand zu stecken.«

  Delia Fischer

- »Du darfst dir keine Limitationen auferlegen. Der Ansatz muss sein: Erst einmal ist alles möglich, sofern es mit dem zusammenhängt, was man halbwegs gut kann und gerne macht. Und dann gilt es, das, was man sich wünscht und erreichen will, mit Konsequenz zu verfolgen.«

  Conrad Caine

- »Aktiv leben – das Leben selbst in die Hand nehmen. Andere dürfen nicht der Maßstab sein, sonst lebt man nur im Außen. Und dann gilt es: Trotzdem Teil der Gesellschaft sein und seine Talente zum Ausdruck bringen. Dadurch tut man sich selbst und den anderen den größten Gefallen.«

  Jannike Stöhr

4. GLAUBE UND ÜBERZEUGUNG

»Die Schlachten des Lebens gewinnen nicht immer die stärksten, schnellsten oder klügsten Leute. Aber früher oder später werden immer die gewinnen, die sich sicher sind, gewinnen zu können.«

Brian Tracy

Wenn alle Reserven erschöpft sind, wir mit dem Rücken zur Wand stehen und unsere Lage aussichtslos erscheint, ist es der Glaube, der ungeahnte Kräfte freisetzt. Nur wer trotz äußerer Umstände den Glauben an sich selbst bewahrt, kann die schwierigsten Etappen auf seinem Weg zum Erfolg bestehen.

Durch andere Menschen – und hier nimmt ein Mentor oft eine entscheidende Rolle ein – kann die eigene Zuversicht noch bestärkt werden. Zu wissen, es gibt jemanden, der an uns glaubt und uns vertraut, setzt in vielen Fällen grenzenloses Potenzial frei. Schon Shakespeare schrieb, dass wir eine Tugend im anderen annehmen sollen, wenn sie noch auf Sparflamme brennt; der andere werde dem gerecht werden wollen. Doch nur wenn der eigene Glaube vorhanden sei, könne ein anderer ein Strohfeuer in uns erzeugen.

Glaube wirkt immer in zwei Richtungen: Er kann uns brechen, er kann uns aber auch beflügeln. Was wir glauben und wovon wir überzeugt sind, spiegelt sich unmittelbar in unserem Handeln wider. Wenn wir aufhören, an eine Sache zu glauben, handeln wir nicht mehr mit der nötigen Konsequenz, um das scheinbar Unmögliche wahrzumachen.

Erfolgsgurus sprechen oft von Glaubenssätzen, die Ursache unserer Resultate im Leben sind. Sie sagen, wenn wir andere Ergebnisse erzielen möchten, müssen wir an unseren Glaubenssätzen und Überzeugungen arbeiten. Wer glaubt, es nicht wert zu sein, seinen Traum zu verwirklichen, trägt unbewusst eine Bürde mit sich, die vermutlich zu nichts anderem als Selbstsabotage führen wird. Dieser Gedanke findet sich auch in unserem Sprachgebrauch wieder: »sich selbst im Wege stehen«, der »eigene schlimmste Feind« sein, »sich nur selbst schlagen können« et cetera. Sie bringen zum Ausdruck, dass wir uns zum Teil selbstverschuldet zurückhalten. Doch wir sind auch dazu in der Lage, uns zu neuen Höhen emporzutragen. Napoleon Hill schrieb deshalb auch völlig zurecht, dass wir die Dinge, die wir uns vorstellen und an die wir glauben können, auch erreichen können.

Den Millennials werden zwar gerne zu viel – und stellenweise auch naive – Überzeugung und Selbstüberschätzung nachgesagt, weil sie durch die Vielzahl an Optionen und die vielen Erfolgsgeschichten Zeugen dessen sind, was möglich ist, und deshalb selbst zu träumen beginnen. Doch kann dieser Glaube auch zwingend notwendig sein, um große und für Außenstehende zum Teil irrsinnig anmutende Vorhaben zu realisieren.

JOSHUA KIMMICH – WILLE, EINSATZ UND DER UNERBITTLICHE GLAUBE AN SICH SELBST

Der legendäre Fußballtrainer Hans Meyer sagte einmal: »In jedem Kader gibt es fünf richtig blöde Spieler. Von denen würde einer auf jeden Fall unter der Brücke landen, wenn er nicht Fußball spielen würde.« Joshua Kimmich stellt den Gegenpol zu dieser Aussage dar. Er verkörpert in seinen jungen Jahren bereits viele Werte, die sonst nur den ganz großen Persönlichkeiten des Sports zugeschrieben werden. Persönlichkeiten wie Dirk Nowitzki, Roger Federer, Philipp Lahm und Ray Lewis, bei denen immer die Liebe zum Sport und der sportliche

Erfolg im Vordergrund standen; bei denen das Team und nicht der eigene Name von Bedeutung war; bei denen das kindliche Funkeln in den Augen nie erloschen ist, wenn sie ihren Sport ausüben durften. Trotz der größten Erfolge und all der Aufmerksamkeit sind sie nie abgehoben. Obwohl Joshua noch den Großteil seiner Karriere vor sich hat, wirkt er wie ein Vertreter dieser erfolgreichen Menschen. Er ist demütig und bodenständig, gleichzeitig hat er den nötigen Biss, um sich in einem Team, das mit Weltstars gespickt ist, durchzusetzen. Er ist beharrlich und immens wissbegierig. Er will alles aufsaugen, was er von erfahrenen Spielern und Trainern lernen kann. Das merkt man sofort, wenn man ihn dabei beobachtet, wie aufmerksam er anderen zuhört. Durch seinen klaren Blick strahlt er eine Souveränität und anspornende Gewinnermentalität aus, ohne dabei jemals überheblich zu wirken. Er ist von dem Schlag Mensch und Spieler, der sich selbst auch mal zurücknehmen kann, um andere glänzen zu lassen.

Einer seiner großen Förderer, Ralf Rangnick, sagte im *Kicker* über ihn:

> »Ich kenne Jo seit er 16 Jahre alt ist. Er ist einer dieser Spieler, die ein Musterbeispiel dafür sind, was [...] möglich ist. Einer der Gründe für seinen Aufstieg ist seine Mentalität. Er ist ein unglaublich strukturierter, ehrgeiziger Spieler, der jedes Trainingsspiel gewinnen will. Wenn er sich in den nächsten Jahren weiter so entwickelt, kann er einmal die Position des Kapitäns einnehmen.«

Angefangen hat alles in Bösingen, einem Dorf mit 1700 Einwohnern, rund 100 Kilometer von Stuttgart entfernt. »Seit ich denken kann, spiele ich Fußball«, sagt Joshua lachend, während wir uns auf dem Trainingsgelände des FC Bayern München unterhalten.

> »Es gab auch keine großen Alternativen. Unser Dorf war fußballverrückt und alle Jungs wollten Fußball spielen. So war es auch bei mir. Wir hatten einen starken Jahrgang und konnten auch die größeren Teams in der württembergischen Region schlagen. Da-

durch haben wir uns früh in den Fokus gespielt, auch ich, aber mein Vater ist vorerst einmal nicht auf die Anfragen, die zum Beispiel vom VfB Stuttgart kamen, eingegangen, weil es auch sehr weit zu fahren war. Als ich zwölf war, kam dann erneut ein Angebot aus Stuttgart und mein Vater hat zu mir gesagt: ›Wenn du das unbedingt willst, dann mache ich das für dich.‹ Damit hat er mir einen großen Traum ermöglicht, aber ich glaube, er hat nie ernsthaft damit gerechnet, dass es bei mir zum Fußballprofi reichen wird.

Ich bin dann zwei Jahre lang gependelt und danach bin ich ins Internat beim VfB eingezogen. Das war immer mein Traum, mein großes Ziel, und du merkst dann auch für dich, wie du dem riesigen Ziel ›Profi werden‹ doch immer einen Schritt näher kommst. Diese Zwischenerfolge stärken den Glauben und zeigen dir, dass du auf dem richtigen Weg bist. Als der Weg in Stuttgart für mich nicht mehr weiterging, bin ich nach Leipzig gewechselt.«

Nebenbei hat Joshua sein Abitur mit 1,7 abgeschlossen. »Die Schule ist mir zum Glück leicht gefallen«, spielt er diese beachtliche Leistung schnell herunter und spricht weiter über Fußball. In seinen zwei Jahren bei Leipzig ist ihm nicht nur der schwere Sprung vom Jugend- zum Herrenfußball gelungen – für viele die größte Hürde zum großen Durchbruch –, sondern auch der Aufstieg von der dritten in die zweite Bundesliga. Auch dem großen FC Bayern München war die Leistung des jungen Joshua Kimmich nicht entgangen und so fand er sich mit nur 20 Jahren plötzlich in einer Kabine mit Arjen Robben, Thomas Müller, Xabi Alonso und vielen anderen Weltstars wieder. Sein Trainer war kein anderer als der katalanische Erfolgscoach Pep Guardiola. Die Fahrerei des Vaters hat sich definitiv gelohnt!

»Jo, gefühlt will fast jeder Junge dort hinkommen, wo du gerade stehst. Ich habe es selbst probiert und es hat nicht geklappt. Was macht dich aus? Wieso hast genau du es geschafft?«

»Du brauchst ein enormes Durchhaltevermögen, um es zu packen. Es kommen immer Phasen, wo es mal nicht klappt wie gewünscht, das ist dann eine Kopfsache. Da kommt es darauf an, wie sehr du an dich glaubst und vor allem wie sehr du es wirklich willst. Der Wille ist ausschlaggebend dafür, ob du deine Ziele erreichst oder eben nicht. Ich wusste sehr früh ganz genau, was ich will, und war bereit, diesem Ziel alles unterzuordnen.

Für mich hieß ›das Leben auch mal zu leben und es zu genießen‹ ganz einfach Fußball spielen. Wenn meine Kumpels am Wochenende weggegangen sind und abends feiern waren, bin ich nun mal zu Hause geblieben, weil am nächsten Tag ein Spiel auf dem Programm stand. Das hat mir immer mehr gegeben und ich hatte immer mehr Spaß daran, fit auf dem Platz zu stehen, als abends unterwegs zu sein. Ich hatte nie das Gefühl, etwas zu verpassen.

Das ganze Fahren war sehr anstrengend und ich musste oft meine Hausaufgaben während der Fahrten erledigen und für Prüfungen lernen, aber das Ziel war immer klar. Die Anfangsphase in Leipzig hat mich dann noch einmal auf die Probe gestellt. Das war gerade der Übergang von der Jugend in den Erwachsenenbereich. Ich war das erste Mal weiter weg von zu Hause in einer fremden Stadt, kannte fast niemanden, war anfangs verletzt, hatte keinen Führerschein, keine Wohnung, musste zu Beginn im Hotel leben und mit dem Fahrrad zur Reha fahren. Das war mental eine schwere Phase. Wenn du irgendwo neu hinkommst, willst du dich natürlich auch gleich beweisen und das konnte ich nicht, was nicht einfach war.«

»Woher kommt so ein starker Wille?«

»Ein starker Wille entwickelt sich dadurch, dass du nie den Spaß an dem verlierst, was du machst, fokussiert bleibst und immer noch mehr möchtest, weil du genau weißt, dass du das tust, was dir Freude bereitet und was du liebst.«

»Wer hat dich besonders gefördert beziehungsweise welche Rolle spielt der Trainer für dich?«

»Es ist schon sehr wichtig, dass du Leute in deinem Umfeld hast, vor allem natürlich den Trainer, die auf dich setzen und die hinter dir stehen. Nur dann kannst du mit vollem Selbstvertrauen auftreten und unbeschwert aufspielen. Der erste Trainer, der mich zum Beispiel zum VfB geholt hat, ist zu uns nach Hause gekommen und hat meine Eltern und mich von Anfang an überzeugen können – sonst hätte mein Vater mich vermutlich gar nicht erst gefahren. Er hat damals den größten Teil dazu beigetragen, dass ich diesen Schritt gemacht habe. Der Jugendleiter vom VfB hat sich später für mich stark gemacht und dabei geholfen, dass ich ins Internat einziehen durfte. Er ist dann auch nach Leipzig gewechselt und war mitverantwortlich dafür, dass Leipzig mich geholt hat. Ralf Rangnick war eine wichtige Person für meine Entwicklung – nicht nur weil er mich nach Leipzig holte. Auch dort hat der Trainer mich spielen lassen und an mich geglaubt. Und bei Bayern natürlich Pep Guardiola, der mir die Möglichkeit gegeben hat, auf einem ganz neuen Niveau zu spielen. Der Trainer und die Verantwortlichen sind immer entscheidend. Wenn die auf dich zählen, dann liegt es an dir, dieses Vertrauen zurückzuzahlen.«

»Was ist das Schönste an deinem Beruf?«

»Es macht mir einfach enorm viel Spaß: die ganzen Emotionen, das ganze Unberechenbare. Du gehst immer auf den Platz und weißt nie, wie ein Spiel ausgeht, was als Nächstes passiert, du musst immer intuitiv handeln und es ist Wahnsinn, wie viele Menschen der Fußball begeistert, wie er Menschen zusammenschweißt. Das merkst du vor allem bei einem großen Turnier. Diese Euphorie überträgt sich natürlich auch auf uns Spieler. Das Unberechenbare hat aber auch seine Kehrseite. Es kann von heute auf morgen auf einmal ganz anders für dich laufen. Du weißt nie, was kommt. Es gibt immer auch Rückschläge, Verletzungen, schwere Phasen – und damit muss man auch klarkommen.«

»Wie gelingt dir das?«

»Viel ist auch hier eine mentale Sache. Du darfst nie den Glauben an dich selbst verlieren. Du musst dir vor Augen halten, dass es Gründe dafür gibt, wieso du dort stehst, wo du gerade bist, und dann solltest du dich auch von Rückschlägen nicht unterkriegen lassen. Mein Umfeld hilft mir dabei sehr. Wenn ich nach einem Training oder Spiel mal nicht so gut drauf bin, habe ich meine Freundin, meine Freunde, meine Familie, die echt super damit umgehen.«

»Hat sich die Saison 2016/17 eigentlich wie ein Rückschritt für dich angefühlt?«

»In meiner ersten Saison in München war ich in der Rückrunde Stammspieler auf einer Position, auf der mich niemand – außer Pep Guardiola – gesehen hat. Dann durfte ich mit zur EM und danach kam mit Carlo Ancelotti ein neuer Trainer. Da hieß es, die Karten werden neu gemischt und jeder muss sich wieder aufs Neue beweisen. Einige haben mir da nicht so viel zugetraut. In den ersten acht oder neun Spielen habe ich sieben Tore gemacht, da lief es richtig gut. Das letzte halbe Jahr war nicht so einfach, das stimmt. Aber solche Phasen gehören dazu und in solchen Phasen lernst du viel, weil du manches überdenkst: Was kann ich besser machen? Wo muss ich anders vorgehen? Auch hier spielt das Mentale wieder eine große Rolle, weil du weißt: Im Moment bin ich nicht erste Wahl – und trotzdem musst du jeden Tag auf den Trainingsplatz gehen und dich jeden Tag pushen, jeden Tag alles geben, um dich weiterzuentwickeln und dem Trainer zu zeigen, dass du da bist und zurück ins Team willst. Aber klar, das ist keine leichte Phase.«

»Du hast viel von Mentalität gesprochen. Wie geht es dir mit deinen 22 Jahren in einem Champions-League-Viertelfinalrückspiel in Madrid, vor unglaublicher Kulisse und du wirst kurz vor der Verlängerung eingewechselt? Was geht dir da durch den Kopf?« Joshua schmunzelt erst einmal und sagt, dass das Stadion in Madrid unfassbar ist und eine Wahnsinnsstimmung geherrscht hat.

»In dem Augenblick, in dem du reinkommst, musst du einfach viel von dem, was du vorher beim Warmmachen und auf der Bank wahrnimmst, ausblenden und versuchen, dein Spiel zu spielen, auch wenn das natürlich in einer solchen Situation alles andere als einfach ist. Aber dafür sind wir auch Fußballer und das ist unser Job, da müssen wir liefern.«

»Wie schaffst du es in der Welt, in der du lebst, wo so viel Aufmerksamkeit auf dich gerichtet wird und du so viel mediale Präsenz erhältst, auf dem Boden zu bleiben und so demütig zu sein?« (Joshua lässt sich nie durch Fragen mit versteckten Komplimenten beirren – das imponiert mir sehr.)

»Da spielen auch wieder die Familie und das Umfeld eine ganz wichtige Rolle. Meine Freundin und meine engen Freunde, die habe ich schon seit Jahren, die kannten mich schon, als ich noch total unbekannt war. Und in diesem Umfeld bei Bayern fällt es dir auch leicht, nicht zu fliegen, weil deine Mitspieler alle schon viel mehr erreicht haben. Wenn ich mich da mit zwei Meisterschaften und einem Pokalsieg rühmen würde, dann würden mich die anderen sicher einfach auslachen. Die meisten sind Champions-League-Sieger, Weltmeister, und was sie nicht sonst noch alles gewonnen haben – da fällt es leicht, auf dem Boden zu bleiben. Du lebst einfach weiterhin deinen Traum, der in Erfüllung gegangen ist, und auf der anderen Seite musst du dich immer darauf konzentrieren, weiterhin deine Leistung zu bringen und dich nicht auf irgendwelchen tollen Erfolgen auszuruhen.«

»Auf welche persönliche Entwicklung bist du besonders stolz?«

»Es gab in meiner bisherigen Karriere immer wieder Rückschläge und ich habe mich nie dadurch von meinem Weg abbringen lassen. Keine Verletzung, keine schwere Phase konnte mich aus der Bahn werfen. Ich weiß, was ich kann, und ich weiß genau, wo ich hinwill, und da lass ich mich nicht unterkriegen.«

»Wer waren deine größten Vorbilder?«

»In meiner Jugend habe ich immer sehr genau auf Bastian Schweinsteiger geachtet, weil er immer ein Leader war, er hat bei Bayern vom Jugendbereich den Durchbruch geschafft, was nur sehr wenigen gelingt, und in der Nationalmannschaft war er auch eine prägende Figur. Es hat mich inspiriert, wie er durch seine Mentalität vorausgegangen ist, wie er immer alles gegeben hat und gleichzeitig noch fußballerische Klasse hatte.

Und Xavi Hernandez von Barcelona, auf den habe ich auch speziell geachtet. Er war wie ich immer ein bisschen kleiner, aber konnte durch sein Passspiel und seine Übersicht das Spiel lenken, dominieren und an sich reißen und er hat als Kapitän sein Team geführt.«

»Wie nimmst du deine Rolle und deine Verantwortung gegenüber jüngeren Spielern wahr?«

»Ich weiß selber noch genau, wie schwierig es ist, wenn man mal hochgezogen wird und bei den Älteren mittrainieren darf. Bei Leipzig war ich zum Beispiel der Jüngste und ich weiß, dass es nicht so einfach ist, direkt anerkannt zu werden, und dass du nicht automatisch miteinbezogen wirst. Ich weiß, was es heißt, irgendwo einfach mit reingeschmissen zu werden und ich weiß auch, dass es sehr guttut, wenn dann mal einer zu dir herkommt und sagt: ›Trau dir etwas zu, mach dein Ding, hab keine Angst, nur weil du jetzt hier mittrainierst. Zeig einfach, was du kannst.‹ Mir hat das sehr weitergeholfen, wenn das einer gemacht hat und deshalb bin ich darum bemüht, das den anderen Jungs, die nachkommen, so weiterzugeben.«

»Was heißt es für dich, im Leben erfolgreich zu sein?«

»Den eigenen Weg zu gehen; Ziele zu haben, die du dir selber steckst und unbedingt erreichen willst und dir trotzdem selbst treu bleiben und dich nicht verstellen. Wenn du dann irgendwann zurückblickst und auf das, was du erreicht hast, stolz sein kannst und nichts bereust, ich glaube, dann warst du erfolgreich. Wenn du dir selber nicht den Vorwurf machen kannst: Hätte ich es damals nur durchgezogen oder hätte ich mich damals nur nicht von meinem Weg abbringen lassen; wenn du alles für deine Ziele gegeben hast und dich nicht hast verbiegen lassen, dann könnte ich für mich sagen, dass ich erfolgreich war.«

Auf die Frage, was er anderen mitgeben würde und welche Tipps er für Menschen hat, die einen ähnlichen Weg einschlagen wollen, antwortet Joshua nicht sofort. Er zögert kurz und sagt dann:

»Das ist natürlich schwer, weil ich selber erst am Anfang stehe und noch viel vor mir habe und noch viel erleben will. Würdest du mich das in 10 oder 15 Jahren noch einmal fragen[1], wäre es einfacher. Das Wichtigste, egal was du tust, ist: Du musst Spaß daran haben, weil sich durch den Spaß Ehrgeiz entwickelt, und wenn du Ehrgeiz aufbringst, lässt du dich auch durch Rückschläge nicht von deinem Weg abbringen und die Chancen stehen gut, dass du den Glauben an deine Fähigkeiten und dich selbst nicht

1 In meinem Nachfolgerbuch, das in rund 15 Jahren erscheinen und in dem es darum gehen wird, was die jungen Überflieger aus sich gemacht haben, komme ich darauf zurück, Jo! ☺

verlierst. Das hat mich geprägt und das würde ich anderen auch so mitgeben.«

SEBASTIAN KURZ – SICH NIEMALS KLEIN KRIEGEN LASSEN

Sebastian Kurz stand schon ganz früh auf meiner Überflieger-Liste. Ich wusste zwar nicht, wie das klappen sollte, aber ich wusste, dass es klappen musste! Als ich ihn traf, erging es mir auf Anhieb so wie ganz vielen anderen auch: Seine charmante, offene und aufrichtige Art hat mich sofort angesprochen.

Als ich Sebastian bei einer Rede in Innsbruck erlebte, faszinierte mich vor allem eins: Sein genuines Interesse an den Anliegen seiner Zuhörer, selbst wenn es Einzelfälle waren. Ein Beispiel: Während der Fragerunde meldete sich ein junger Mann und erzählte, dass er seit mehr als einem Jahrzehnt in Österreich lebte, dort studiert hatte und sich schon lange bemühte, die Staatsbürgerschaft zu erhalten. Sebastian hörte konzentriert zu und ließ sein Gegenüber aussprechen. Anschließend erklärte Sebastian kurz für alle, welche Anforderungen das Land an Personen stellt, die österreichische Staatsbürger werden wollen, und wieso diese Anforderungen aus seiner Sicht sinnvoll sind. Dann sagte er, es liege natürlich im Interesse des Staates, qualifizierten Leuten, die sich einbringen wollten, dies zu ermöglichen. Dann kam der Punkt, der mich tief beeindruckt hat. Sebastian sagte zu dem Mann: »Komm nach der Veranstaltung zu mir, dann schauen wir uns gemeinsam an, was bei dir noch fehlen könnte, ich prüfe das dann mit meinem Team und dann kriegen wir das auf jeden Fall zusammen hin.«

Für mich verkörpert Sebastian viele Eigenschaften, die ausschlaggebend für seine steile Karriere sind: Er ist kompetent und weiß genau, wovon er spricht. Er hat klare Vorstellungen und argumentiert demnach sehr stringent und logisch. Dabei bleibt er stets ruhig und sachlich und hat ein offenes Ohr für andere Meinungen. Er spricht nie von oben herab, sondern sucht den menschlichen Austausch auf Augenhöhe. Seine Ansichten transportiert er sehr überzeugend und glaubwürdig. Wenn ihn jemand angreifen will und blöd anredet, reagiert er genauso gelassen, wie wenn ihm jemand zuruft (und das passiert nicht selten): »Sebastian, du bist die einzige Hoffnung für unser Land!« Er hat aufrichtiges Interesse an den Menschen – unabhängig von Alter, Hintergrund oder Titel.

Doch wie wird ein 27-Jähriger Außenminister eines Landes? Heute spricht er mit Humor darüber, aber in vielen Situationen war ihm alles andere als zum Lachen zumute. Gandhis Gedanke mag etwas weit hergeholt klingen, aber er trifft in vielen Teilen auf Sebastians Weg zu: »Zuerst ignorieren sie dich, dann lachen sie über dich, dann bekämpfen sie dich und dann gewinnst du.«

Ein gutes Beispiel hierfür ist eine Anekdote aus der ersten oder zweiten Woche im Amt als Staatssekretär, die Sebastian gerne erzählt. Ein Fototermin stand auf dem Programm. Der Fotograf erschien pünktlich und sagte: »Gehen wir doch raus, draußen ist so ein gutes Licht.« Sebastian schildert die folgende Situation in der Rückschau trocken:

> »Ich wollte lieber drinnen bleiben, aber der Fotograf hat sich dann doch durchgesetzt. Dann sind wir rausgegangen, der Fotograf hat alles aufgebaut und kurz bevor wir die Bilder machen konnten, lief eine ältere Frau vorbei und rief: ›Genieren Sie sich nicht – so jung und schon Staatssekretär!‹ Selbst der Fotograf war so peinlich berührt, dass er seine Meinung vom großartigen Licht doch wieder geändert hat und wir die Bilder drinnen gemacht haben.«

Sein Einstieg im Außenministerium war vergleichsweise angenehm.

> »Auch da wurde ich stellenweise kritisch beäugt, aber die positive Resonanz überwog. Ich habe relativ schnell mit Persönlichkeiten

wie dem britischen und dem deutschen Außenminister Termine gemacht. Die haben sich gesagt: Das ist interessant, den jungen Herrn will ich mal kennenlernen und hören, wie er dazu gekommen ist. Das hat sich dann mit der Zeit eher zum Vorteil für mich entwickelt, weil man als Junger auch einen anderen Blickwinkel mit einbringen kann.«

Das erinnert sehr stark an die Aussage von Lencke Steiner über die Perspektive der Jungen.

»Wie kommt man in so jungen Jahren in so eine hohe politische Position?«

»Ich engagiere mich seit 2003 in der Jungen ÖVP, also seit ich 17 bin. Zunächst habe ich vor allem auf Bezirksebene in Wien mitgearbeitet, bevor ich dann 2007 zum Wiener Landesobmann und 2010 zum Bundesobmann der Jungen ÖVP gewählt wurde. 2011 wurde ich zum Staatssekretär für Integration ernannt. Seit Ende 2013 bin ich Bundesminister für Europa, Integration und Äußeres.«

»Wie bist du so früh zur Politik gekommen?«

»Ich bin noch in meiner Schulzeit zur Jungen ÖVP Wien gekommen. Ich wollte gemeinsam mit Freunden etwas bewegen. Ich habe dann begonnen, mich in der JVP im ersten Bezirk in Wien zu engagieren. Die Arbeit hat mir immer wahnsinnig viel Spaß bereitet und ich bin froh, dass ich nach wie vor einige meiner damaligen Mitstreiter zu meinem heutigen Team zählen darf.«

»Wer hat dich auf deinem Weg besonders inspiriert?«

»Vor allem Alois Mock und Wolfgang Schüssel waren zwei Politiker, die mich sicherlich geprägt haben. Alois Mock, der Vizekanzler und Außenminister in Österreich war, war federführend für den EU-Beitritt Österreichs. Wolfgang Schüssel hat während seiner Zeit als österreichischer Bundeskanzler viele wichtige, nachhaltige Reformen auf den Weg gebracht. Er hat einen neuen, langfristig denkenden Stil in die österreichische Politik gebracht, von dem wir heute noch profitieren.«

»Gab es Schlüsselereignisse, die dich auf deinem Weg besonders geprägt haben?«

»Zwei Schlüsselereignisse haben mich sicherlich maßgeblich geprägt: Als ich mit 16 Jahren in die JVP in meinem Heimatbezirk Meidling in Wien einsteigen wollte, hat mich der damalige Bezirksobmann weggeschickt, weil ich noch zu jung sei und sich die Bezirksgruppe nicht sehr oft treffe. Ich bin dann zwar in einem anderen Bezirk aktiv geworden, aber das war für mich der Anstoß, dass wir es Menschen leichter machen müssen, politisch aktiv zu werden. Jeder soll sich bei Themen, für die er oder sie brennt, einbringen können.

Das zweite Schlüsselereignis war sicherlich der Start meiner Zeit als Staatssekretär. Gerade zu Beginn habe ich jede Menge Kritik einstecken müssen. Eine österreichische Boulevard-Zeitung veröffentlicht in regelmäßigen Abständen Beliebtheits-Rankings von Regierungsmitgliedern und wichtigen Oppositionspolitikern. In meiner ersten Amtswoche bin ich da am unteren Ende gelandet, weil ich jede Menge Kritik aufgrund meines Alters einstecken musste. In dieser Grafik war mein Negativbalken mit Abstand der längste und hatte auch noch eine Unterbrechung drinnen. Die Zeitung musste den Balken kürzen, weil sich die negative Stimmung verhältnismäßig nicht auf einer Zeitungsseite ausging. Diese Zeit hat mich sicherlich auch sehr geprägt. Gott sei Dank hat sich die Stimmung schlussendlich auch gebessert.«

»Wie kann ich mir deinen Arbeitstag vorstellen, Sebastian? Wie viel arbeitest du durchschnittlich pro Tag beziehungsweise Woche?«

»Mein Tag beginnt immer schon sehr früh. Am Morgen verschaffe ich mir einen Überblick, was in der Nacht in Österreich, aber auch auf der ganzen Welt passiert ist. Bei Auslandsreisen starten die Tage meist sehr zeitig, weil die ersten Flugzeuge Wien schon sehr früh verlassen. In Wien treffen sich mein Team und ich um circa 7 Uhr im Büro. Fixpunkte im Kalender sind der wöchentliche Ministerrat, der monatliche Rat der Außenminister in Brüssel und Anfang 2017 auch einige Termine im Zuge des österreichischen Vorsitzes in der OSZE.«

»Hast du irgendwelche besonderen Gewohnheiten oder Routinen, die es dir ermöglichen, langfristig auf höchstem Leistungsniveau zu arbeiten?«

»Nein, Rituale habe ich keine. Facebook-Kommentare, E-Mails und Gespräche mit Bürgerinnen und Bürgern sind für mich aber die größte Motivation – egal ob positiv oder negativ. Ich versuche auch jede freie Minute in der Natur zu nutzen. In der wenigen freien Zeit, die mir bleibt, gehe ich sehr gerne Bergsteigen.«

»Was reizt dich an der Politik?«

»Mein Team und ich folgen dem Ansatz, Politik anders machen zu wollen. Wir wollen Probleme klar ansprechen und Lösungen bieten. Uns ist es immer ein Anliegen, über Parteigrenzen hinweg für die Sache zu arbeiten. Für uns stehen immer die Österreicherinnen und Österreicher im Mittelpunkt, nicht Parteiinteressen oder anderes. Das macht für mich gute Politik aus.«

»Wie sieht dein weiterer Plan fürs Leben aus? Wo soll es noch hingehen?«

»Ich habe nie geplant, in die Politik zu gehen. Genauso wenig habe ich geplant, Staatssekretär oder Außenminister zu werden. Daher ist es sehr schwierig zu sagen, was die Pläne in Zukunft sind. Ich bin sehr gerne Außen- und Integrationsminister. Ich will Themen wie das Integrationsgesetz umsetzen und im OSZE-Vorsitz wichtige Maßnahmen setzen. Das ist mein Plan – arbeiten und in Österreich etwas voranbringen.«

»Was heißt es für dich, erfolgreich zu sein?«

»Erfolg bedeutet für mich, Österreich voranzubringen. Ich will Ziele erreichen, die nachhaltig unsere Zukunft gestalten. Erfolgreich zu sein bedeutet für mich auch, die eigenen Positionen durchzusetzen und merkliche Verbesserungen für unser Land und unsere Bürger zu schaffen, obwohl man anfangs auf Widerstand stößt.«

»Welchen Tipp hast du für junge Menschen, die in ihrem Bereich erfolgreich werden wollen?«

»Auch, wenn man mit eigenen Ideen und Projekten auf Widerstand stößt, darf man sich davon nicht entmutigen lassen und muss seinen eigenen Weg weitergehen. Das gilt sowohl in der Politik als auch überall sonst. Der jungen Generation wird oft Angst vor der Zukunft gemacht. Ich glaube, dass wir uns davon aber nicht entmutigen lassen dürfen. In Österreich und in Deutschland haben junge Menschen alle Möglichkeiten. Diese gilt es zu nutzen.«

FEE-GLORIA GRÖNEMEYER – WER WAGT, GEWINNT

»Alle sagten: Das geht nicht. Dann kam einer, der wusste das nicht und hat's gemacht.« Dieser Spruch trifft hervorragend auf Fee-Gloria Grönemeyer und ihre steile Laufbahn als Fotografin zu. Weil sie nie vor dem Sprung ins kalte Wasser zurückgeschreckt ist und sich nicht vor viel und stellenweise auch undankbarer Arbeit gescheut hat, durfte Fee in rekordverdächtiger Zeit Projekte übernehmen, um die sich Fotografen reißen, die länger im Geschäft sind als Fee auf der Welt ist. Ende 2016 durfte sie beispielsweise das Cover für *Marie Claire Russland* schießen. Das ist eine »Riesensache, eine große Herausforderung und ein toller Test«, meint sie.

Aufgewachsen ist sie in Wiesbaden. Als Teenager sah sie sich alle »New-York-Serien« wie zum Beispiel *Gossip Girl* an und sagte sich damals schon: »Ich will auch um jeden Preis in die Fashion-Branche.« Doch dann passierte etwas, das für Fee heute ganz untypisch wäre: Sie kam ins Zweifeln und ließ sich von äußeren Stimmen beeinflussen. »Ich dachte mir: Das ist vielleicht doch ein bisschen zu oberflächlich und habe dann klassisch mit einem BWL-Studium angefangen – weil es das Einfachste ist, was man machen kann, wenn man nicht genau weiß, was man will.« Dass BWL nichts für sie war und ihr keine Freude bereitete, stellte Fee schon im ersten Semester fest. Doch anstatt abzubrechen, entschied sie sich für ein Doppelstudium.

> »Ich habe parallel zu BWL mit einem Mode-Management-Studium begonnen und habe dadurch viele interessante Leute kennengelernt, die aus der Modeindustrie kommen. Das hat mich dann gepackt, weil ich gesehen habe, dass deutlich mehr dahintersteckt. Besonders durch Praktika habe ich versucht, Kontakte zu knüpfen und mich tiefer in den Bereich einzuarbeiten, wie bei der Londoner Fashion Week zum Beispiel.«

Ihre Bilder postete sie zum Teil auf Instagram – eine clevere Idee, wie sich herausstellen sollte.

> »Für mein Auslandssemester wurde ich an der New York University (NYU) angenommen und habe da über Social Media eine Fotografin kennengelernt, die schon deutlich weiter war, vor Kurzem

auch ein *Elle*-Cover geschossen hatte, und die mich ein wenig unter ihre Fittiche genommen hat. Sie hat mich auf Shootings mitgenommen und mir einiges über die Branche erklärt. Und das war ein Schlüsselerlebnis für mich. ›Hey, das macht mir richtig Spaß‹, dachte ich mir. ›Das kann ich auch, darin kann ich wirklich gut werden!‹ Ich habe gespürt, dass ich mich da richtig reinarbeiten und mir dadurch auch etwas aufbauen kann. Ich bin dabei autodidaktisch vorgegangen, habe mir eine Kamera gekauft und habe angefangen.«

»Fotos machen ja viele gerne. Wie ging es denn dann weiter für dich und wie hast du es geschafft, eine Sache, die dir viel Spaß macht, zu einem Beruf zu machen, der dich erfüllt, in dem du sehr gefragt bist und für den du so viel reisen darfst?« (Fee erzählte mir bei unserem Treffen in Berlin beiläufig von ihrem Reisekalender und Terminplan. Der klingt in etwa so: »Letzte Woche war ich in Paris[2], und bevor es dann wieder nach New York für ein Shooting geht, muss ich noch eben nach London.«)

»Danach haben mich ein paar Freunde mit auf die Pariser Fashion Week genommen und ich habe Backstage einige Bilder von den Models gemacht. Und dann hat plötzlich *Vogue US* meine Bilder auf Instagram geliked. Dadurch sind dann wiederum neue Dinge ins Rollen gekommen und ich habe wieder einen Schub gekriegt, was mich dazu motiviert hat, noch härter zu arbeiten.«

Fee war plötzlich unermüdlich.

»Ich habe angefangen, alle meine Freunde zu fotografieren; habe alles fotografiert, was mir vor die Nase kam, um ein Auge für die Dinge zu entwickeln. Durch meinen Fleiß hat sich etwas in Gang gesetzt und immer mehr Leute haben mir geholfen und mir ande-

2 Dort lebt sie die meiste Zeit.

re Personen vorgestellt, die mir wiederum weiterhelfen konnten. Anfangs war es ein ziemlicher Kampf und ich habe mich schon gefragt, ob das überhaupt eine Zukunft haben wird und ob ich mich damit über Wasser halten kann. Ich glaube, ich habe mein Glück da auch erzwungen. Viele Leute wollten dann relativ zügig mit mir arbeiten und ich konnte mir überraschend schnell etwas aufbauen.«

Fee wusste von Beginn an, wofür sie es macht, hat durch das schnelle, positive Feedback viel Zuversicht gewonnen und sich dadurch auch nicht von schwierigen Umständen und Rückschlägen aus dem Konzept bringen lassen.

»Am Anfang habe ich damit gekämpft, dass es in der Branche alles extrem schnell geht, ich aber einen sehr hohen Anspruch an mich und meine Arbeit habe und die Dinge schon nahezu perfekt machen will – und das geht halt nicht immer. Und: Die Konkurrenz ist enorm. Da muss man seine Gelegenheiten zu nutzen wissen. Man muss einen eigenen Stil haben, dadurch kann man sich absetzen. Sonst wird es schwer. Wenn ich nur auf den fahrenden Zug aufspringen möchte, dann habe ich viel mehr Konkurrenz, als wenn ich ein eigenes Ding mache, selbst wenn es nicht in die Zeit passt. Ich habe da eine Nische für mich entdecken können und spreche demnach auch andere Leute und Marken an.«

»Was ist für den Erfolg als Fotografin ausschlaggebend?«

»Man darf nicht immer mit Trends gehen, das bringt einen nicht weiter. Da wirst du viel schneller ausgesiebt, als wenn du dein eigenes Ding fährst. Zu Beginn habe ich jeden Auftrag und jede Möglichkeit angenommen. Das ist schon Knochenarbeit, aber das muss auch sein, wenn du dir etwas aufbauen willst. Niemand beginnt und ist gleich gefragt und kann sich seine Aufträge aussuchen. Ich habe alles genommen, egal wie. Ich habe jeden Tag geshootet. Meine Kamera war immer und überall mit dabei. Ich habe auch versucht, stets im Hinterkopf zu behalten, wofür ich das mache und was ich damit bewirken kann. Mich haben immer Street-Photography und Landschaftsbilder am meisten angesprochen, aber durch Fashion konnte ich mir ein riesiges Netzwerk aufbauen, was natürlich essenziell ist. Aber man darf nie vergessen, wofür man seine Sache begonnen hat und was einen ursprünglich angetrieben hat – und das ist bei mir eben Street-Photography, weil sie mich am meisten erfüllt.«

Für Fee stellt sich auch immer die Frage: Wie sehr will ich etwas wirklich? »Wenn ich etwas wirklich will, gebe ich nicht auf und lasse mich von nichts in die Knie zwingen. Bei Projekten, die mir am Herzen liegen, setze ich immer (!) alles dran, dass es auch funktioniert. Ich brauche da niemanden, der mir in den Arsch tritt – meine Motivation ist intrinsisch.«

Das Spannendste und Aufregendste an ihrer Arbeit ist laut Fee die Abwechslung. Ständig neue Leute treffen, viel unterwegs sein, neue Motive suchen und sich Geschichten ausdenken, das hat für sie einen ganz besonderen Reiz. Fotografie ist für Fee aber auch ein Ausdrucksmedium mit einer hohen sozialen Verantwortung.

»Deswegen will ich auch bald vermehrt in Kriegsgebieten Bilder machen, um Einblicke zu verschaffen und diese auch mehr Menschen zugänglich zu machen. Bilder sind nicht nur etwas Schönes, weil du auch etwas zeigen willst; du willst die Realität zeigen und die ist nun mal nicht immer nur schön. Das stört mich auch am meisten an der Modefotografie: Da ist nichts mehr Realität. Ich fotografiere deshalb auch viel analog, weil ich das Reale einfangen und festhalten will. Mich treibt es an, die Realität zu erfassen und das zu zeigen, was in der Welt passiert. Ich will mit meinen Bildern nicht nur das Schöne zeigen. Deswegen fotografiere ich auch total gerne im Regen, weil es etwas sehr Sinnliches hat und auch zum Leben gehört.«

Peter Lindberg ist dabei ihre große Inspirationsquelle. »Mich beflügeln solche Leute, die sich trauen ihren eigenen Weg einzuschlagen und sich nicht durch andere beirren lassen.«

»Was sind deiner Erfahrung nach die größten Herausforderungen, auf dem Weg seine Ziele zu erreichen?«

> »Ich habe mir schon manchmal eingeredet, alles gleichzeitig zu können und musste dann mit dem bitteren Scheitern in Mannheim[3] feststellen, dass das eben doch nicht der Fall ist und ich für mich auch klar priorisieren muss. Das hat mich schon mitgenommen, aber auch wachgerüttelt. Ich habe gemerkt: Man muss auch zurückstecken können. Das hilft dann dabei, innezuhalten und mit neuer Energie an neue Projekte ranzugehen.«

Für zielstrebige Frauen empfiehlt sie: »Wir müssen lernen, auch mal abzuschalten. Wenn wir abends nach Hause kommen, sind wir mental immer noch bei der Arbeit. Bei Männern ist das meiner Erfahrung nach anders. Daran arbeite ich im Moment, weil das Abschalten braucht man auch.«

Aber ihre Grundüberzeugung bleibt die Folgende: »Wenn du etwas wirklich willst und daran glaubst, kannst du es auch schaffen. Du musst nur viel Energie reinstecken und Rückschläge hinnehmen können. Daraus lernst du.« Wer diesem Ansatz folgt, wird aus Fees Sicht auch unvermeidlich Erfolg im Leben haben. Erfolgreich sein heißt für sie:

> »Ein gutes Leben zu führen, glücklich zu sein, das tun zu dürfen, was einem Freude bereitet. Auf keinen Fall etwas rein Materielles. In den kleinen Dingen Freude und Glück zu finden, ist für mich ei-

3 Fee hat ihr BWL-Studium in Mannheim letztlich nicht bestanden, weil ihr nach der Bachelor-Arbeit noch ein paar wenige Prüfungen fehlten.

ne große Kunst des Lebens. Es sind kleine Sachen, die uns glücklich machen, deswegen liebe ich auch die Fotografie so sehr. Mein größtes Ziel ist es, mich jeden Tag zu verbessern und abends ins Bett zu gehen in dem Wissen: Ich habe heute etwas dazu gelernt. Das treibt mich an und macht für mich Erfolg aus.«

PAULA SCHWARZ – »ES GEHT UM DAS GEFÜHL NACH DEM KALTEN WASSER«

Paula Schwarz ist eine Powerfrau. Das merkt man sofort, wenn sie einen Raum betritt. Sie strahlt aus, dass sie sehr klare Vorstellungen hat und sich keineswegs davor scheut, eine Richtung vorzugeben und auch entsprechend zu agieren. »Mein Ansatz lautet immer: Als gutes Beispiel vorangehen und dadurch das Potenzial und die Kreativität, die in den Köpfen der Menschen steckt, freisetzen. Es geht darum zu zeigen, dass etwas funktionieren kann – egal was man tut«, findet sie.

Im Jahr 2016 wurde Paula vom *Forbes Magazine* zu den wichtigsten Sozialunternehmern unter 30 gewählt. Sie ist die Gründerin von Startup-Boat und Startup-Aid (mehr dazu gleich), arbeitet mit Weltkonzernen wie Google, AirBnB und Cisco sowie dem Flüchtlingshilfswerk der Vereinten Nationen zusammen. Darüber hinaus hat sie das Migration Hub, einen Co-Working-Space für soziale Start-ups, ins Leben gerufen. Beim Weltwirtschaftsforum in Davos hat sie in diesem Jahr bereits zum zweiten Mal über die Flüchtlingskrise gesprochen, sie hat eine private Akademie in Griechenland gegründet und darüber hinaus eine App für Flüchtlinge programmiert.

Durch ihren Großvater, Gründer des Medikamentenherstellers Schwarz Pharma (1946), war großer Wohlstand in ihre Familie gekommen. Doch: »Es gab einen Punkt, an dem ich realisiert habe: Man kann so viel Geld haben, wie man möchte – wenn man nicht die Fähigkeit hat, seine Träume in die Tat umzusetzen, dann erreicht man wenig und es passiert kaum etwas. Geld macht nicht frei.« Das hatte Paula auf die harte Tour lernen müssen und wollte daraufhin die Dinge anders anpacken und den Fokus darauf richten, was sie bewirken konnte:

> »Ich habe mit 20 Jahren ein Start-up voll gegen die Wand gefahren – das war ein Wendepunkt in meinem Leben. Davor habe ich in einer Blase gelebt und mich auch für etwas Besseres gehalten, nur weil ich in eine gewisse Familie mit Namen geboren wurde. Das hat mich wachgerüttelt und mir eine andere Perspektive gegeben. Ich wusste zu dem Zeitpunkt einfach nicht genau, was ich wollte, und konnte demnach auch keine Richtung vorgeben und kein Team leiten. Das war eine gute, wertvolle, aber auch sehr, sehr harte Erfahrung.«

Die Flüchtlingskrise war dann der entscheidende Weckruf für sie. »Ich bin zu der Zeit auf die griechischen Inseln gezogen, um zu kapieren, was denn eigentlich genau abgeht.«

Weil Paula Bildung als den wirksamsten Hebel für Veränderung ansieht, diese aber ihrer Meinung nach in vielen Ländern nicht stark genug gefördert wird, will sie an dieser Stelle ansetzen und etwas bewegen. Aus diesem Grund ging sie für ein Projekt nach Tansania und überlegte ernsthaft, nach Kenia zu ziehen, um dort an den Themen Start-up, Unternehmertum und Bildung zu arbeiten. Die Idee für Start-up-Boat – einen schwimmenden Think-Tank auf dem Mittelmeer, der Menschen aus den unterschiedlichsten Bereichen, wie etwa Politik, Wirtschaft und Wissenschaft zusammenbringt, um gemeinsam humanitäre Lösungen für die Herausforderungen und Probleme der Welt zu finden und aus diesen Ideen Unternehmen zu gründen – kam ihr zu dieser Zeit.

> »Ich habe dann Prototypen und Ideen entwickelt wie eine Irre. Es war einfach so viel Dampf da, der sich aufgestaut hatte, dass ich

bereit war zu liefern und die Dinge einfach rauszuhauen. Ich wusste jetzt auch besser, wie es geht. Die Leute haben damals nicht verstanden, dass ich diese sehr negative, prägende Erfahrung hatte und sich dadurch so viel Energie aufgestaut hatte. Es war wie ein Tumor, der mir im Nacken saß, für den ich die Heilung finden wollte, und natürlich gehst du dann erst einmal ziemlich ab; es war wie ein Ventil und ich konnte die ganze aufgestaute Energie in wertvolles, produktives Schaffen ummünzen. Ich habe in dieser Zeit unheimlich viel über mich selbst gelernt.«

Paula erzählt mehr von ihrer Kindheit und deren Auswirkungen auf sie.

»Ich bin als Kind so stark in eine Rolle gepresst worden – ich durfte nicht einmal anziehen, was ich wollte, oder sagen, was ich wollte –, sodass ich irgendwann selbst nicht mehr wusste, wer ich eigentlich bin. Ich habe lange gebraucht, mich vom Gefühl der Paralyse zu befreien und einen eigenen Weg und eigene Gedanken zu finden.«

Ihre Mutter, eine griechische Powerfrau, kam in jungen Jahren nach Deutschland, um zu studieren, und wollte sich laut Paula unbedingt anpassen.

»Sie hatte dann auch den Anspruch, die perfekte deutsche Ehefrau zu sein; hat versucht, Business-Frau und alle anderen Anforderungen mit Mutterschaft zu verbinden. Heute verstehe ich die Beweggründe natürlich und nehme das auch rückblickend niemandem übel. Das krasse Anpassungsbedürfnis hat jedoch dazu geführt, dass ich als Kind und Jugendliche nicht sein durfte, wer ich bin. Eine Weile hatte ich deshalb auch gar keinen Kontakt zu meinen Eltern. Ich habe eine Zeit lang versucht, mich aufzulehnen, muss aber ganz klar sagen: Dieses Konteragieren bringt nicht viel. Leute anzuschreien bringt auch nicht viel. Was etwas bringt ist: An sich selbst glauben, einfach machen, konsequent seinen Weg gehen. Dadurch bewegen sich dann Dinge.«

Das Verhältnis zu ihren Eltern sieht heute ganz anders aus und deren Stiftung ist in Paulas Projekte involviert.

»Es war ein langer Weg, aber er hat alle zusammengeführt und wir machen gemeinsame Sache. Rückblickend sind viele Dinge, die sich erst einmal schlimm angefühlt haben, wertvolle Erfahrungen, die als großer Antrieb dienen können. Ich bin zum Beispiel in der Lage, viel gelassener mit schwierigen Umständen umzugehen, weil ich so oft die Schule gewechselt und ganz unterschiedliche Umfelder kennengelernt habe.«

Auch die Herausforderungen, mit denen Paula zu kämpfen hat, sehen mittlerweile ganz anders aus.

»Erfolg kann manchmal beängstigend wirken und deshalb wird dann hinterrücks versucht, den Erfolg zu verhindern. Ich musste mir so oft anhören, ich sei verrückt, obwohl meine Projekt schon durch die Decke gingen und wir nachweislichen Erfolg damit hatten. Da beginnst du natürlich irgendwann, dir Gedanken zu machen. Andererseits werde ich von Dax-Konzernen unterstützt, darf in Wirtschaftsräten sitzen, helfe mit, eine neue Fluggesellschaft ins Leben zu rufen, und treibe viele Dinge mit voran, die wirklich Wert stiften. Dann denke ich mir auch: ›So verrückt kann ich doch gar nicht sein!‹«

Ihr Ansatz und ihr Motiv sind klar und von ihren Erkenntnissen und Schlüssen können wir uns meiner Meinung nach getrost etwas abschauen:

»Ich will den Menschen immer offen gegenübertreten, aber mit meinem Hintergrund musste ich das erst lernen. Es war wirklich befreiend, dass ich in diesen schwierigen Phasen gelernt habe, über mich selbst und die Lage, in der ich mich befinde – egal wie aussichtslos sie wirken mag –, zu lachen. Ich habe mich selbst einfach nicht mehr so ernst genommen und mich viel mehr darauf konzentriert, was ich bewirken will.«

Wenn Paula davon spricht, dass sie den Menschen offen gegenübertreten will, bedeutet das für sie vor allem, Vertrauen aufzubauen und eine gute Energie zu schaffen, »weil die Leute so auch am besten und mit Freude arbeiten können und sie befähigt werden, das Beste aus sich zu machen. Mir ist es wichtig, dass die Leute in meinem Umfeld lernen, an sich zu glauben. Durch Offenheit lässt sich das realisieren«.

Ihren Glauben sieht sie als ihre größte Stärke: »Ich bin so fest überzeugt von dem, was wir tun, dass ich nicht nur glaube, dass wir global Dinge verändern können – ich weiß das auch. Ich habe einen unbeirrbaren Glauben an das, was ich tue.« Doch genauso wie Lencke weiß Paula sich auch zurückzunehmen und lässt andere machen: »Dieses Ego-Ding bringt niemandem etwas. Es geht nicht um mich. Und wenn du dein Ego außen vor lassen kannst, dann kannst du auch visionszentriert denken und gehst dadurch viel offener durch die Welt und erreichst mehr Menschen, weil sich der andere mitgenommen fühlt.« Menschen zu befähigen, ist für sie dabei das zentrale Anliegen: »Indem man an Leute glaubt, hilft man ihnen, einen Punkt zu erreichen, an dem sie Probleme selbst lösen können. Und diese Entscheidungsmacht und -freiheit will ich möglichst vielen Menschen geben.«

Dieser Ansatz des Befähigens, genauso wie ihr persönlicher Hintergrund, spiegeln sich auch in ihrer Auffassung von Erfolg wider. »Ich habe einmal gelesen: ›The only real job in your life is being as good at being you as you can possibly be.‹[4] Nach diesem Prinzip versuche

4 »Die einzige Aufgabe in deinem Leben besteht darin, so gut wie möglich darin zu sein, du selbst zu sein.«

ich zu leben. Ich will das Beste aus dem machen, was mir gegeben wurde und was mit meinen Fähigkeiten zusammenhängt. Am meisten inspirieren mich Menschen, die einfach mal draufhauen und es wagen, disruptiv zu sein, die Dinge anpacken, etwas bewegen möchten und Vorhaben dann auch durchziehen. Auf persönlicher Ebene heißt erfolgreich sein für mich: Menschen dazu inspirieren, das Beste aus sich zu machen.«

Ich liebe den Gedanken, den Paula geäußert hat, nachdem ich abschließend wissen wollte, was sie anderen (jungen) Menschen mitgeben und für ihr Leben raten würde:

> »Ich springe morgens immer in kaltes Wasser – so richtig kaltes Wasser. Und wenn ich vor dem kalten Wasser stehe, denke ich mir immer: ›Oh f***, das wird sooo kalt und furchtbar sein.‹ Früher habe ich immer den Fokus darauf gerichtet, wie kalt das Wasser sein würde. Wenn man aber überlegt, dass man sich danach so viel besser fühlt und es nicht um den Moment des kalten Wassers geht, sondern darum, dass du dich danach eben so viel besser fühlst, dann realisiert man: That's life. Du denkst nicht mehr daran, wie schlimm und schwer der Moment sein kann, sondern wie großartig es sich danach anfühlt. Deshalb: Richte deinen Fokus nie darauf, was du verlieren könntest, sondern darauf, was du gewinnen wirst, und das obwohl es oft erst einmal etwas bergab geht, bevor es steil bergauf gehen kann. Du musst für alles im Leben arbeiten – und entweder du arbeitest hart, fällst hin und bleibst liegen oder du arbeitest hart, tust dir weh und machst es deshalb noch konsequenter. Deswegen ist mein Tipp immer: Richte den Fokus auf das Gefühl nach dem kalten Wasser.«

NIE DEN GLAUBEN VERLIEREN

Es gibt drei Dinge, die uns von niemandem genommen werden können:

1. Unsere Hoffnung
2. Die Freiheit, unsere Einstellung den Dingen und Umständen gegenüber selbst zu wählen und immer wieder neu auszurichten
3. Unser Glaube

Wenn uns der Glaube abhanden kommt, wird unsere Welt schnell farblos, leer und sinnfrei. An nichts mehr glauben zu können, egal in welcher Hinsicht, ist die übelste Folter für die Seele. Wenn wir unseren Weg gehen, wird unser Glaube mehrfach auf die Probe gestellt. Es mag Zeiten geben, in denen der Zweifel und die Skepsis so groß werden und überhandnehmen, dass wir uns fragen, woher wir noch die Kraft nehmen sollen, um weiter Glauben zu schöpfen – egal ob an uns selbst, an unser Ziel oder etwas Überirdisches. In solchen Phasen denke ich immer an einen meiner Lieblingsautoren und mein großes Vorbild in Sachen Einstellung: Viktor Frankl.

Frankl schreibt zwar einerseits, dass derjenige, der gar nicht mehr an die eigene Zukunft glauben kann, verloren sei, fügt dem aber hinzu, dass gerade eine außergewöhnlich schwierige äußere Situation dem Menschen Gelegenheit gebe, innerlich über sich selbst hinauszuwachsen. Als KZ-Überlebender muss er es wissen. Mit dieser Einstellung – in schwierigen äußeren Phasen innerlich über uns selbst hinauszuwachsen – können wir ein Vorbild für andere sein und ihnen Glauben schenken. In den Worten von Frankl: »Aber wenn es auch nur ein Einziger gewesen wäre – er genügte als Zeuge dafür, dass der Mensch innerlich stärker sein kann als sein äußerliches Schicksal.«

Wir dürfen nie unterschätzen, welche Wirkung unser Glaube haben kann – auf uns selbst, aber noch viel, viel wichtiger: auf andere.

IMPULSE DER JUNGEN ÜBERFLIEGER

- »Das Wichtigste, egal was du tust, ist: Du musst Spaß daran haben. Durch den Spaß entwickelt sich Ehrgeiz und wenn du Ehrgeiz aufbringst, lässt du dich auch durch Rückschläge nicht von deinem Weg abbringen.«

  Joshua Kimmich

- »Man muss bereit sein, vieles in seinen Traum zu investieren. Das heißt zwangsläufig: Auf manches zu verzichten, was auch schön sein kann.«

  Fee-Gloria Grönemeyer

- »Richte deinen Fokus nie darauf, was du verlieren könntest, sondern darauf, was du gewinnen wirst, und das obwohl es oft erst einmal etwas bergab geht, bevor es steil bergauf gehen kann.«

  Paula Schwarz

5. INTENSITÄT UND EINSATZ

»Wenn du alles gibst, kannst du dir nichts vorwerfen.«
Dirk Nowitzki

Die häufigste und gefährlichste Lüge, die wir in fast allen Motivations- und Erfolgsbüchern vorgegaukelt bekommen, lautet: »Wenn du nur hart genug arbeitest und mit voller Leidenschaft am Ball bleibst, wirst du zwangsläufig besser und kommst an dein Ziel.« Aber das ist falsch. Anders Ericsson, bis heute einer der führenden Talentforscher, ist in all seinen Publikationen immer wieder zum selben Schluss gekommen: Nur das *richtige* Training mit der nötigen Intensität über einen längeren Zeitraum macht uns besser und erhöht die Chancen, zu den Besten in einem bestimmten Feld zu gehören. Nichts anderes. Niemand hat etwas Bemerkenswertes durch reine Begabung geschafft. Wer herausragende Leistung in einem Bereich abliefern kann, hat seine Hausaufgaben erledigt. Das heißt, er hat jahrelang die Bereitschaft aufgebracht, immer weiter an sich zu arbeiten, die Schlagzahl beständig zu erhöhen und auch dann weiter zu malochen, wenn die Anerkennung und der Erfolg sich noch in Grenzen halten.

Eine Schulfreundin von mir, die mittlerweile als Schauspielerin in Los Angeles lebt, hatte einmal die Gelegenheit, kurz mit Kevin Spacey zu sprechen und ihn nach seinem Schlüssel zum Erfolg zu fragen. Seine Antwort: »Mach deine Arbeit auch dann, wenn dir niemand dabei zusieht.« Das zählt vor allem in den Momenten und Phasen, in denen man sich nicht so nach Arbeit beziehungsweise Training fühlt und der Wille etwas schwächelt.

Der vermutlich größte Unterschied zwischen Amateuren und Profis – egal in welchem Bereich – ist ihre Art des Trainings und ihre Herangehensweise. Die renommierten Talentforscher und Bestsellerautoren Daniel Goleman, Robert Greene und Anders Ericsson beschreiben alle folgendes Phänomen in ihren Büchern[1]: Wenn jemand eine Sache zunehmend besser beherrscht, benötigt er nicht mehr die volle Aufmerksamkeit, um eine solide Leistung abzurufen. Viele kennen das vom Autofahren. Anfangs fühlt man sich stark herausgefordert, womöglich sogar überfordert, weil man auf so viele Dinge gleichzeitig achten muss und viel Neues lernt. Nur mit voller Aufmerksamkeit gelingt es, den Fahrlehrer nicht in den Wahnsinn zu treiben. Diese Phase des Lernens und des Trainings ist die effektivste Phase und bringt im Normalfall den größten und schnellsten Fortschritt mit sich – auch in neurologischer Hinsicht. Dafür sind zwei Faktoren ausschlaggebend:

1. **Herausforderung:** Nur wer sich immer wieder zwingt, an seine Grenzen zu gehen und seine Komfortzone zu verlassen, kann sich kontinuierlich weiterentwickeln. Ein Paradebeispiel hierfür ist Fitnesstraining und der damit verbundene Muskelaufbau. Nur durch die Herausforderung und die gezielte Überreizung des Muskels kann er wachsen. Doch Vorsicht: Der Muskel, genau wie das menschliche Gehirn, ist anpassungsfähig und lernt schnell. Was heute schwer war, ist schon in absehbarer Zeit kinderleicht. Wenn er nicht ständig neuen Reizen ausgesetzt wird, hört der Muskel aber schon bald auf zu wachsen. Wir benötigen die konstante Herausforderung in unserem Training und unserer Arbeit, um nicht zu stagnieren. Die Herausforderung darf allerdings nicht zur chronischen Überforderung werden. Wer sich zu lange zu weit aus der eigenen Komfortzone begibt, brennt aus und kann das hohe Tempo nicht auf Dauer halten. Die gesunde, aber beständige Heraus-

1 Daniel Goleman in seinem Buch *Focus – The Hidden Driver of Excellence*; Robert Greene in *Mastery* und Anders Ericsson in *Peak – How all of us can achieve extraordinary results.*

forderung kitzelt die letzten Prozent Hingabe aus uns heraus, die den entscheidenden Unterschied ausmachen.

2. **Aufmerksamkeit:** Die Kunst der Leistungssteigerung besteht vor allem darin, auch dann voll bei der Sache zu sein, wenn man schon gut darin ist. Daniel Goleman unterscheidet dabei zwischen Top-down- und Bottom-up-Lernen. Ersteres erfolgt immer dann, wenn wir gar nicht anders können, als mit vollem Fokus bewusst nur bei der einen Sache zu sein, die wir gerade machen. Das ist der Fall, wenn wir etwas Neues lernen oder neue Reize und Impulse gesetzt werden, also wenn wir herausgefordert sind. Sobald wir es nicht mehr als nötig erachten, unsere ungeteilte Aufmerksamkeit auf eine Sache zu richten, verfallen wir in einen Bottom-up-Modus. Das ist bequemer und reicht auch für die meisten Dinge vollkommen aus. Der Haken an der Sache ist: Die letzten Prozent Einsatz bleiben auf der Strecke, es schleichen sich zunehmend Flüchtigkeitsfehler ein, unser Niveau sinkt – zwar ganz gemächlich, aber kontinuierlich. Während Arbeits- und Trainingseinheiten in den Bottom-up-Modus zu verfallen, ist der Feind der Spitzenleistung.

ANDREAS WOLFF – WER NICHTS TUT, DER KOMMT AUCH NICHT WEIT

Wo man durch Einsatz, Konsequenz und Training mit hoher Intensität hinkommen kann, lässt sich wunderbar an Andreas Wolff festmachen. Der Torhüter der deutschen Handball-Nationalmannschaft und des deutschen Handball-Rekordmeisters THW Kiel hat all seinen Kritikern, die ihm einreden wollten, sein Traum von einer Profikarriere sei Unsinn, bewiesen, was sich durch eisernen Willen und hartes Training bewerkstelligen lässt. Im Jahr 2016 hat er die »Bad Boys«[2] mit seinen 24 Jahren durch spektakuläre Paraden zum EM-Sieg geführt. Seitdem gilt er als Aushängeschild im deutschen Handball.

2 Spitzname der deutschen Handball-Nationalmannschaft.

Sein Vater war Handballer, seine Mutter handballinteressiert – daher spricht Andi von einer »starken elterlichen Prägung«, die ihn zu seinem Sport gebracht hat. Mit seinem jüngeren Bruder hat Andi oft die Spiele des Vaters angeschaut und die Pausen genutzt, um selbst »ein bisschen aufs Tor zu werfen. Irgendwann haben die Eltern dann gefragt, ob wir das nicht öfter machen wollen. Und so kam es, dass wir im Nachbarort ins Training gingen«. Nach ein paar Jahren bei einem kleineren Verein wurde Andi in die Kreisauswahl-Sichtung eingeladen. Er war zu der Zeit um die zwölf Jahre alt, hatte in der Region den Ruf, »nicht schlecht« zu sein, und konnte bei der Sichtung überzeugen. »Das war der Zeitpunkt, an dem ich gemerkt habe, es ist Zeit für den nächsten Schritt, um noch mehr und bessere Leistungen abzuliefern. Ich bin dann mit 13 zu einem größeren Verein, dem HSG Rheinbach-Wormersdorf, gewechselt, weil das der beste Ausbildungsverein mit der besten Jugendmannschaft in der ganzen Region ist. Dann durchlief ich die verschiedenen Auswahlmannschaften – Mittel-Rhein-Auswahl, Westdeutsche Sichtung in Verbindung mit der Sichtung für die Jugend-Nationalmannschaft.« Durch einen Trainer, den er bei den Sichtungen kennenlernte und der großes Potenzial in ihm sah, wurde Andi zum ambitionierten TV Grosswallstadt gelockt. Mit 16 Jahren lotste ihn schließlich Gottfried Kunz zum TV Kirchzell in die Regionalliga. »Der Hintergedanke war damals schon, dass ich irgendwann Bundesliga spielen kann«, sagt Andi dazu. In einem Interview mit der *tz* meinte Kunz rückblickend über ihn: »Als Jugendlicher war er schwierig[3], auch beim Verband hatte er Streit mit den Trainern. Deshalb muss sich der DHB auch nicht auf die Schulter klopfen, sie haben ihn damals rauskomplimentiert. Die Worte ›Andi, Kabine!‹ sind oft gefallen. Aber eigentlich ist er ein lieber Junge.« Auf Andis Ehrgeiz angesprochen, sagte Kunz, er sei fast krankhaft ehrgeizig: »Andi hat seine Ziele immer deutlich formuliert, er hat auch zu Beginn des Turniers[4] bereits vom Titel gesprochen. Das wirkt großspurig, ist es

---

3 Andi spricht von »Unreife und unkonventionellen Verhaltensweisen« seinerseits.

4 Gemeint ist die EM 2016, die Deutschland gewann

aber nicht, er hat einfach klare Ziele. Abseits des Feldes ist er eher ein zurückhaltender Mensch, keiner der über die Stränge schlägt, auch nicht in Partynächten.«

Für den Wechsel zu Kirchzell zog Andi von zu Hause aus – ein Schritt, der sich auszahlte. Mit 18 Jahren spielte er um die deutsche Jugendmeisterschaft, »wo wir das Endspiel leider verloren haben«.

> »Im Anschluss daran habe ich dann einen Vertrag als Nummer 3 der ersten Mannschaft erhalten und mit 19 durfte ich bereits erste Spiele in der 1. Liga machen. Nach zwei weiteren Jahren, 2013, ging es dann für mich weiter zur HSG Wetzlar. Mithilfe der Trainer dort habe ich den Sprung in die Nationalmannschaft geschafft[5], wo mir 2016 bei der Europameisterschaft der große Durchbruch gelungen ist.« Als logische Konsequenz ging es für Andi dann zum Rekordmeister nach Kiel. So viel zu seiner Karriere im Schnelldurchlauf.

Im Handball, anders als zum Beispiel im Fußball, dauert es für gewöhnlich ein paar Jahre länger (Anfang-Mitte Zwanzig im Normalfall; auf der Torhüterposition sogar eher Anfang-Mitte Dreißig), bis der Durchbruch gelingt und man sich im Herrenbereich in den höheren Ligen etabliert. Andi hat es allerdings aus einer Handvoll Gründen geschafft, sich sowohl auf Vereinsebene als auch in der Nationalmannschaft deutlich früher als sicherer Rückhalt für sein Team zu beweisen. Zwei Aspekte gilt es dabei besonders hervorzuheben: seine Förderer und sein Trainingsverhalten.

Über seine Förderer sagt Andi: »Gottfried Kunz war nicht nur Trainer auf dem Platz, der mein Spiel verbessert hat, sondern er hat mir auch abseits vom Platz wichtige Dinge und Verhaltensweisen fürs Leben mitgegeben. Er hat mich da auf jeden Fall ein Stück weit geprägt.«

---

5 Debüt 2014, erste Turnierteilnahme als Nummer drei 2015

Den Vertrauensvorschuss seiner Trainer bei der HSG Wetzlar, Kai Wandschneider und Jasmin Camdzic, wollte er um jeden Preis zurückzahlen:

> »Sie haben mein Talent und meinen Ehrgeiz gesehen, wussten, wie hart ich arbeite, und haben das respektiert und mir deshalb die Chance zu spielen gegeben. Sie haben wirklich auf mich gesetzt und mich spielen lassen – auch in Situationen, in denen andere gesagt hätten: ›Der ist noch zu jung, das Risiko ist zu hoch.‹ Durch sie konnte ich mich immer wieder beweisen und als ich dann meine ersten Schritte gegangen bin, haben sie mir den Rahmen geboten, meinen Charakter und meine Spielfähigkeit auch zu festigen, bis ich dann so weit war, dass ich auch in der Nationalmannschaft bestehen und den Schritt zum THW Kiel machen konnte.«

In der Nationalmannschaft sei der Isländer Dagur Sigurðsson mit dafür verantwortlich gewesen, dass Andi beim EM-Sieg so aufgeblüht ist, erzählt er fast schwärmerisch:

> »Bei Dagur war krass, dass er ein absoluter Profi als Trainer war und sich voll auf den Sport konzentriert hat. Er hat nie groß Small Talk mit einem geführt, sondern sich vor allem darauf fokussiert, wie er jeden Spieler besser machen kann. Durch ihn hat sich ein wahnsinniger Gemeinschaftsgedanke bei unserem Team festgesetzt, der uns auch zum Titel geführt hat. Auch er hat mir ein unglaubliches Vertrauen geschenkt. Ich hatte 2016 nur wenige Länderspiele auf dem Buckel, aber er hat mich dennoch als Nummer zwei mitgenommen, weil er von meinen Auftritten in der Liga überzeugt war. Als er dann gesehen hat, dass ich während des Turniers eine gute Phase hatte, hat er mich auch anfangen lassen, hat mich nach dem Triumph zur Nummer eins gemacht und hat auch daran festgehalten, als es kurzzeitig mal nicht so lief – zum Beispiel gegen Frankreich bei Olympia. Dadurch hat er mir ge-

holfen, meine Rolle zu finden und meinen Fokus einzig darauf zu richten, dass ich mein Spiel machen kann.«

Am wichtigsten für seine Entwicklung – persönlich und sportlich – war für ihn sein spanischer Torwartkollege José Hombrados in Wetzlar.

»Er war so etwas wie mein Mentor. Der hat mich von allen am meisten vorangebracht. Er war selbst ein Weltklasse-Torhüter, hat alles gewonnen und hat einen ganz besonderen Charakter. Er war ein absoluter Profi in jeglicher Hinsicht, war damals 41 und ist im Training immer als Erster zu den Bällen gelaufen und hat aufs Tor geworfen wie ein 15-Jähriger, der es nicht erwarten kann, endlich spielen zu dürfen. Der hatte so viel Spaß am Spiel, hat Handball gelebt und mir gleichzeitig oft gesagt: ›Andi, du bist zu verkrampft. Warum stehst du so unter Strom? Bleib einfach mal locker. Du musst sicher sein und dich frei fühlen, um gut spielen zu können.‹ Er hat mich auf die nächste Stufe gebracht, weil ich davor wirklich immer sehr angespannt war und alles erzwingen wollte. Er hat mir viele technische Sachen beigebracht und mir unglaublich viel Zuversicht und Glauben geschenkt. Durch ihn habe ich vieles deutlich früher gelernt als andere und das hat meine Entwicklung enorm beschleunigt.«

Was Andis Intensität und Einsatzbereitschaft betrifft, kann sich jeder angehende junge Sportler, aber auch jeder andere, der in einem Bereich das Spitzenniveau erreichen will, von ihm einiges abschauen.

»Als ich angefangen habe, in den Kreisauswahlen zu spielen, und mit Spielern zusammengekommen bin, die schon 1. und 2. Bundesliga gespielt haben, wusste ich: ›Da will ich auch mal hin.‹ In diesem recht jungen Alter stand für mich fest, dass ich Handballprofi werden möchte. Da haben viele gesagt: ›Was für ein Quatsch, das schaffst du eh nie!‹ Aber ich habe seitdem alles dafür gegeben und begonnen, wirklich hart zu arbeiten. Mit 18 bin ich fast jeden Morgen um 5 Uhr aufgestanden und vor der Schule eine Runde laufen gegangen, habe viel für meine Physis getan, weil das beim Handball einfach mit das Wichtigste ist. Ich habe alles in Kauf genommen, damit ich Profi werden kann. Das hat mir auch den Umzug nach Kirchzell leicht gemacht, weil ich wusste, wofür ich es mache. Mir waren die äußeren Meinungen und Hindernisse egal, weil ich mir diesen Traum unbedingt erfüllen wollte. Ich war in jeder Trainingseinheit voll konzentriert und motiviert. Du wirst nur besser, wenn du in jedem Training deine Grenzen auslotest.«

»Was treibt dich an, Andi? Wieso trainierst du so hart?«

»Es ist nicht so, dass ich jeden Tag Bock auf Training habe. Mit 15 oder 16 Jahren, da hatte ich wirklich richtig Bock auf jedes einzelne Training, aber mittlerweile – mit über 80 Spielen im Kalenderjahr – merke auch ich, dass ich Zeiten zum Abschalten brauche. Trotzdem kann ich nicht einfach zu Hause sitzen und nichts tun. Heute haben wir zum Beispiel frei, aber ich mache trotzdem eine kleine Einheit für mich. Ich kann nicht sagen, ich mache gar nichts, weil ich immer daran denken muss, wo ich noch überall hinwill und was es noch zu erreichen gilt. Von nichts kommt nichts. Ich habe immer im Hinterkopf, dass ich meine Physis optimieren muss, um absolute Bestleistungen auf dem Feld zu bringen. Was mich antreibt und für mich gut ist: Es lässt mir keine Ruhe, wenn ich weiß, dass ich an einem Tag noch nicht ordentlich trainiert habe. Ich muss etwas gemacht haben, sonst kann ich nicht schlafen.«

»Wie genau trainierst du denn? Wie kann ich mir deine Trainingsgewohnheiten vorstellen?«

»Je nach Saisonphase erstelle ich mir einen Plan, der genau darauf abzielt, dass jede Übung, die ich mache, mich zum einen nach vorne und zum anderen ans Limit bringt. Die Herausforderung muss da sein, um einen Effekt zu erzielen. Für den Kraftraum erstelle ich mir zum Beispiel Programme, die immer noch das letzte bisschen aus mir herauskitzeln. Da gibt es manche, die sagen mir immer wieder, das ist zu viel – ist mir aber egal[6]. Ich stelle mir alles so ein, dass ich bei jeder Übung an meine Grenzen stoße, um diese Grenzen ständig zu erweitern – dadurch habe ich den optimalen Trainingseffekt. Das ist mein Ziel in jedem Training: das Optimum herausholen. Früher gehe ich nicht nach Hause. Ich mache das, was ich brauche, um maximale Fitness zu erzielen.«

Eine Sache, die bei Andis Trainingsmethoden besonders faszinierend ist, ist die Wirkung, die dadurch entsteht. Einer seiner Trainingsbereiche ist zum Beispiel die Reaktionsgeschwindigkeit – die Schlüsselkompetenz eines Handballtorwarts. Dabei geht es vor allem darum, durch Nuancen zu erkennen, wohin der Ball geworfen wird, um ihn blocken zu können. Wenn man bedenkt, mit welch irrsinniger Geschwindigkeit die Bälle ihm stellenweise um die Ohren fliegen und das aus unmittelbarer Nähe, stellt man sich schon die Frage, wie manche Paraden möglich sind. Ähnlich ist es im Tennis, wo Aufschläge im Spitzenbereich mit über 200 Stundenkilometern serviert und auch zurückgespielt werden. Wie geht das? Auch hier sind es Nuancen, die dem Spieler unbewusst signalisieren, wo der Ball hinkommen wird, um im Bruchteil einer Sekunde darauf reagieren zu können. Im Sport machen diese Verarbeitungszeiten und die Handlungsschnelle oft den Unterschied zwischen Spitzenklasse und (gehobenem) Amateurniveau aus. Anders Ericsson spricht in seinen Forschungen zu diesem Thema von mentalen Repräsentationen, die unbewusst durch das Training gebildet und in Wettbewerbssituationen abgerufen werden. Deswegen sind der Einsatz und die Intensität beim Training so entscheidend, weil es eine Zeit lang dauert, bis diese mentalen Repräsentationen gebildet werden. Wenn Andi schier unmenschlich schnelle Reflexe auf dem Spielfeld zeigt, liegt das daran, dass er so viel, so intensiv und

6 Dass es ihm egal ist, sagt er besonders nachdrücklich.

vor allem so bewusst und konzentriert trainiert hat, dass er unbewusst schon reagiert – einen kleinen Schritt macht, absichtlich eine Lücke anbietet, sich wie ein Koloss auftürmt –, bevor der Abschluss des Gegners erfolgt. Um an diesen Punkt zu kommen, braucht es Zeit, Beständigkeit und das richtige Training. Das trifft übrigens nicht nur auf Handball und Sport, sondern auf so gut wie jeden Bereich zu. Auch im Vertrieb, beim Halten einer öffentlichen Rede und jeder anderen Aktivität, die das Gehirn beansprucht, greift dieser Ansatz. Denn in jedem Metier gibt es mentale Repräsentationen, die verantwortlich dafür sind, wie schnell wir Zusammenhänge erkennen, wie unsere Leistungen aussehen und wie lange wir brauchen, um zu reagieren. Das Performancelevel ist oft eine Frage der Verarbeitungsgeschwindigkeit, die wiederum vom Kopf abhängt. Und inwiefern unser Gehirn zu unserem besten Freund und wichtigstem Helfer oder zur größten Hürde wird, hängt davon ab, wie wir uns vorbereiten und wie wir an unseren Fertigkeiten feilen.

Andi sagt hierzu:

> »Wenn ich an der Physis arbeite, ist das Entscheidende, dass ich das in Schnelligkeit umsetze. Viel Training dient einfach als Grundlage dafür, Schnelligkeitsübungen machen zu können – das erfordert einige Vorarbeit. Diese Schnelligkeit gibt dir ein sicheres Gefühl, weil du weißt, du kannst dich darauf verlassen und dich voll auf den Gegner fokussieren. Nur mit dieser Erfahrung kannst du das Positionsspiel perfektionieren und viel beeinflussen. Das ist eine Mischung aus Konzentration und dem Bewusstsein, dass du weißt, was du tust – und das auf unbewusster Ebene. Training bedeutet deshalb auch für mich, Automatismen einzuspielen. Das perfekte Spiel sieht für mich so aus, dass ich gar nicht bewusst entscheide, was ich als Nächstes mache, sondern unbewusst auf die Situationen reagiere. Hinterher frage ich mich dann oft: ›Wusste ich das oder habe ich einfach nur Glück gehabt?‹ Ich bin dann in so einem Flow, dass ich mich voll und ganz auf meine Instinkte,

PHILIPP VON DER WIPPEL

An dem aktuellen Projekt von Philipp von der Wippel arbeiten über 100 Leute mit: ProjectTogether – eine Initiative, die zum Handeln anregen soll und Menschen in der Findungs- und Umsetzungsphase ihrer Idee begleitet. Durch kostenfreie Telefon-Coachings gelingt es den Coaches von ProjectTogether, die Ideen der Projektgründer zum Fliegen zu bringen. *Siehe Seite 36*

KONTRA K

Der Musiker Maximilian Diehn (bekannt als Kontra K) hat mit seinem Album *Labyrinth* im Mai 2016 die Sonnenposition der Charts erreicht. Für seine Schüler im Boxunterricht ist er eine Identifikationsfigur und seine Texte beflügeln Millionen von Menschen über die deutschen Grenzen hinaus. *Siehe Seite 41*

PHILIPP STEIN

Philipp Stein ist Deutschlands jüngster Sternekoch. Bereits mit 23 war er Chefkoch im Gourmet-Restaurant »Favorite« des Parkhotels in Mainz und führte ein Team von erfahrenen Mitarbeitern. Ein Jahr später wurde er erneut mit einem Michelin-Stern ausgezeichnet. 2014 ehrte der Gault Millau Philipp Stein mit 16 Punkten. Zudem wurde er vom Magazin *Feinschmecker* zum »Aufsteiger des Jahres« gekürt. *Siehe Seite 47*

LENCKE STEINER

Lencke Steiner wurde mit 24 Landesvorsitzende von Niedersachsen und Bremen im Verband der Jungen Unternehmer (BJU) und mit 27 schließlich Bundesvorsitzende der BJU. Wenig später trat sie als Investorin in der Fernseh-Sendung *Die Höhle der Löwen* auf. Außerdem ist sie Mitglied des Bundesvorstands der FDP und sitzt in Aufsichtsräten von DAX-Konzernen. *Siehe Seite 58*

DELIA FISCHER

Nach einem Praktikum bei der internationalen Frauenzeitschrift *Elle* und einer PR-Agentur in Dubai gründete Delia Fischer die Firma Westwing, ein eCommerce-Unternehmen, das von namhaften Investoren finanziert wird und Marktführer im Home & Living eCommerce ist.
Siehe Seite 68

CONRAD CAINE

Conrad Caine (gebürtig: Dominic Hartmann) brachte sich mit 13 Jahren das Programmieren bei, baute in der Folge eine Digitalagentur, expandierte mit dem Unternehmen nach Brasilien und verkaufte schließlich mit knapp 30 Jahren Anteile dieser Agentur an den weltgrößten Werbekonzern WPP.
Siehe Seite 76

© Schick-Magazin

JANNIKE STÖHR

Innerhalb eines Jahres hat die Lebenskünstlerin in 30 verschiedenen Berufen gearbeitet, mit dem Ziel, ihre wahre Berufung zu finden und zu erkennen, was ihr am meisten Freude bereitet. Auf ihrer Liste standen unter anderem Hebamme, Pathologin, Lehrerin, Pastorin, Tischlerin, Winzerin, Reiseleiterin, Architektin, Journalistin, Biobäuerin und Fernsehproduzentin. Ihre Erkenntnisse aus dem Traumjob-Experiment hat sie in ihrem gleichnamigen Buch festgehalten, mit dem sie sogar den Sprung in die Wirtschaftsbestsellerlisten geschafft hat. *Siehe Seite 82*

© Getty Images

JOSHUA KIMMICH

Für Joshua Kimmich führte der Weg zum Profi beim FC Bayern über Stuttgart und Leipzig, wo ihm auch der schwierige Sprung vom Jugend- zum Herrenfußball gelang. Mit dem FC Bayern wurde er bereits zwei Mal Deutscher Meister und gewann den DFB Pokal. Bei der EM 2016 stand er als Shootingstar für die Deutsche Nationalmannschaft auf dem Platz. 2017 gewann er den Confederations Cup in Russland. *Siehe Seite 90*

© Dominik Butzmann

SEBASTIAN KURZ

Sebastian Kurz ist mit 27 Jahren zum Außenminister von Österreich ernannt worden. Er engagierte sich seit 2003 in der Jungen ÖVP. Zunächst arbeitete Kurz vor allem auf Bezirksebene in Wien, bevor er im Jahr 2007 zum Wiener Landesobmann und 2010 zum Bundesobmann der Jungen ÖVP gewählt wurde. 2011 wurde er zum Staatssekretär für Integration ernannt und Ende 2013 zum Bundesminister für Europa, Integration und Äußeres. *Siehe Seite 99*

© Astrid Stawiarz/Getty Images

FEE-GLORIA GRÖNEMEYER

»Alle sagten: Das geht nicht. Dann kam eine, die wusste das nicht und hat´s gemacht.« Dieser Spruch trifft hervorragend auf Fee-Gloria Grönemeyer und ihre steile Laufbahn als Fotografin zu. Weil sie nie vor dem Sprung ins kalte Wasser zurückgeschreckt ist und sich nicht vor viel Arbeit gescheut hat, durfte Fee in rekordverdächtiger Zeit Projekte übernehmen, um die sich Fotografen reißen, die länger im Geschäft sind als sie am Leben. Ende 2016 hat Fee beispielsweise die Fotos für das Cover der Zeitschrift *Marie Claire Russland* geschossen. *Siehe Seite 104*

PAULA SCHWARZ

Paula Schwarz wurde 2016 vom *Forbes*-Magazin zu den wichtigsten Sozialunternehmern unter 30 gewählt. Sie ist die Gründerin von Startup-Boat und Startup-Aid, arbeitet mit Weltkonzernen wie Google, Airbnb und Cisco sowie dem Flüchtlingshilfswerk der UN zusammen und hat das Migration Hub, ein Co-Working Space für soziale Start-Ups, ins Leben gerufen. *Siehe Seite 110*

© Paula Schwarz

© Sascha Klahn

ANDREAS WOLFF

Wo man durch Einsatz, Konsequenz und Training mit hoher Intensität hinkommen kann, lässt sich wunderbar an Andreas Wolff festmachen. Der Torhüter der deutschen Handball-Nationalmannschaft und vom deutschen Handball-Rekordmeister THW Kiel hat all seinen Kritikern bewiesen, was sich durch Wille und hartes Training bewerkstelligen lässt. 2016 hat er die »Bad Boys« mit 24 Jahren durch unwiderstehliche Paraden zum EM-Sieg geführt. Seitdem gilt er als Aushängeschild im deutschen Handball. *Siehe Seite 121*

SEBASTIAN KLUSSMANN

Sebastian Klussmann zählt weltweit zu den besten und erfolgreichsten Quizzern unter 30. Bekannt wurde der Gründer des Deutschen Quizz-Verbands als Jäger in der beliebten TV-Sendung »Gefragt – Gejagt«. Wer zukünftig in geläufigen Apps wie QuizzDuell und bei Gesellschaftsspielen, in denen man durch Wissen glänzen kann, gut aussehen will, kann viel von Sebastian lernen. *Siehe Seite 133*

DARIO MÜLLER

Dario Müller ist Geschäftsführer der DARIO'S GmbH, Europas exquisitesten Luxusgüter-Katalog – der mehrfach als Katalog des Jahres ausgezeichnet wurde. Er ist zudem Wirtschaftsjurist, Redner und Buchautor. *Siehe Seite 139*

CHRIS TALL

Chris Tall hat während seiner Ausbildung bei der Allianz mit Comedy angefangen. Nachdem er 2011 bei seinem ersten richtigen Auftritt in Trier noch im Finale scheiterte, konnte er schon kurze Zeit später den RTL-Comedy-Grand-Prix gewinnen. Mit seinem Hit #darferdas bei TVTotal gelang ihm endgültig der Durchbruch. Heute füllt er mit 10.000-15.000 Zuschauern große Hallen, ist auf Kino-Leinwänden zu sehen und die Zahl seiner Fans klettert stetig weiter. *Siehe Seite 152*

© Sophia Thiel

SOPHIA THIEL

Über 80 Kilogramm brachte Sophia Thiel während der Schulzeit auf die Waage; nicht mal ein Jahr später hat sie sich durch gezieltes Krafttraining und mit knapp einem Drittel weniger Körpergewicht für die deutschen Meisterschaften im Bodybuilding vorbereitet. Begleitet wurde diese Entwicklung von einem Fernsehteam der Sendung Galileo, das Sophias Alltag und Trainingsgewohnheiten in die deutschen Wohnzimmer ausstrahlte. Heute ist Sophia durch ihre große Zahl von Followern auf diversen Social-Media-Kanälen eine der gefragtesten Influencer Deutschlands. Sie hat außerdem eigene Fitness- und Ernährungsprogramme erstellt und mit Bodybuilding-Legenden wie Arnold Schwarzenegger trainiert. *Siehe Seite 175*

© KONUX/ blende11 Fotografen

ANDREAS KUNZE

Andreas Kunze ist laut der Süddeutschen Zeitung der Mann, der die Deutsche Bahn pünktlicher machen wird. Der Münchner Jung-Unternehmer ist Gründer der Firma Konux und hat mittlerweile über 50 Mitarbeiter, die zusammen mit ihm an neuen Ideen und Entwicklungen in der Sensor-Technik arbeiten. *Siehe Seite 169*

MASHA SEDGWICK

Mode-Bloggerin Masha Sedgwick hat sich nach dem Abi ihr gesamtes Blogging-Business alleine aufgebaut. Sie brachte sich das Programmieren bei, arbeitete jahrelang täglich 12-14 Stunden und hat alles in Kauf genommen, um ihren Traum zu erreichen. Als eine der erfolgreichsten Mode-Bloggerinnen in Deutschland lebt sie heute diesen Traum. *Siehe Seite 162*

Bewegungen und Reaktionsgeschwindigkeit verlasse und dadurch das Spiel des Gegners zerstöre.«

In den Presseartikeln, die man über Andi lesen kann, und in den Aussagen anderer über ihn, heißt es oft, er sei ein Mann, der nicht um den heißen Brei herumredet und kein Blatt vor den Mund nimmt. Das fiel mir bei unserem Gespräch ebenfalls auf, vor allem als es darum ging, was er noch alles erreichen will. Ohne zu zögern sagt er:

»Ich will Welthandballer Nummer 1 werden. Nummer 2 habe ich letztes Jahr[7] schon geschafft, aber ich will ganz oben stehen. Handball ist natürlich ein Mannschaftssport: Ich will die Champions League gewinnen, ich möchte Olympiasieger werden, ich möchte noch Weltmeister werden, eine weitere EM gewinnen und will auf dieser Ebene noch die höchsten Ziele erreichen. Da man als Torhüter eine Schlüsselposition im Team hat, muss ich hart dafür arbeiten, um diese Ziele mit meinen Mannschaften auch erreichen zu können.«

Seine größte Stärke ist gleichzeitig seine größte Schwäche: der unbedingte Wille zu gewinnen.

»Ich bin ein unglaublich schlechter Verlierer. Ich will am liebsten aus allem einen Wettkampf machen und jeden davon gewinnen – auch wenn im Training nur aufs Tor geworfen wird. Ich kann es nicht akzeptieren, wenn nicht alles gegeben wird; das verlange ich auch von meinen Mitspielern. Es nutzt nichts, wenn du etwas halbherzig machst. Es gibt Leute, die rechnen sich aus, was sie machen müssen, um ein Ziel zu erreichen und machen dann genau das. Mir reicht das nicht. Ich mache lieber zu viel als zu wenig, weil ich am Ende meiner Karriere nicht auf meine Taten zurückblicken möchte und sagen muss: ›Ok, da hätte ich vielleicht

7 Gemeint ist 2016

noch etwas mehr machen können‹ oder ›Hätte ich doch nur das noch gemacht!‹ Ich mache das, was mich am meisten nach vorne bringt und stecke dafür in anderen Bereichen zurück. Mein Ziel, bestmöglich Handball zu spielen, steht bei mir über allem.«

THW Kiels Presseleiter, Christian Robohm, mit dem ich viel Kontakt für dieses Gespräch hatte, ergänzte an dieser Stelle noch:

»Andis Stärke besteht darin, in jeder Situation Bestleistung abrufen zu können, was seinem Ehrgeiz geschuldet ist. Er hat diesen einmaligen Willen, immer gewinnen zu wollen. Er will immer den nächsten Schritt gehen und ist nie zufrieden. Das hat Andi wie kein Zweiter verinnerlicht. Darf ich eigentlich sagen, dass Andi nach Niederlagen ungenießbar ist? *(wir lachen alle herzhaft)* Aber deswegen steht er auch da, wo er jetzt ist. Er ist privat ein entspannter und umgänglicher Typ, mit dem du viel Spaß haben kannst, aber du merkst sofort, wenn er im Tunnel ist. Sobald er ein Ziel hat, kann er alles andere ausblenden.«

Seine Liebe zum Handball kommt am stärksten durch sein Funkeln in den Augen zum Ausdruck, als wir darüber sprechen, was ihm am meisten Freude an seiner Arbeit bereitet.

»Der Moment, in dem ich einen Ball halte – das ist das geilste Gefühl der Welt. In dem Moment ist der ganze Körper voller Adrenalin, man hört die Jubelschreie der Fans, das geht mir vom Herz bis in die Fingerspitzen über und ich habe dann einfach dieses Gefühl von Kraft, die mich durchfließt. Das ist jedes Mal wieder ein ganz besonderer Kick – fast schon wie eine Droge, die Sucht nach der Endorphinausschüttung durch die Parade *(lacht)*.«

»Du hast viel über die Rolle von Konzentration und Fokus gesprochen. Hast du bestimmte Gewohnheiten oder Routinen, um diesen Fokus, diesen Tunnelblick zu erzeugen?«

»Für mich ist es entscheidend, vor wichtigen Momenten, vor allem vor Spielen, nicht mehr viel zu reden. Gespräche, die nicht über Handball gehen, stören mich und rauben mir Konzentration. An Spieltagen versuche ich alles zu vermeiden, was mich stressen oder ablenken könnte. Ich bin in Gedanken nur beim Spiel und den Wurfbildern des Gegners. Ich lasse mich nicht in Dinge verwickeln, die nichts mit der anstehenden Aufgabe zu tun haben. Das ist manchmal hart, aber das ziehe ich so durch.«

Einsatz, Intensität und gezieltes Training sind wesentliche Eckpfeiler für Erfolg, egal in welchem Bereich.

Es klingt zwar ein wenig so, als würde Andi wirklich alles erreichen, was er sich vornimmt, doch auch er musste Rückschläge in Kauf nehmen und schwierige Phasen durchmachen. Das gehört seiner Ansicht nach aber dazu.

»Solche Phasen gibt es immer wieder mal. Rückschläge tun weh, aber ich lasse mich dadurch nicht aus der Bahn werfen, sondern hänge mich trotzdem voll rein, weil ich glaube, dass ich so am schnellsten wieder rauskomme. Zum Glück hatte ich selbst nie gröbere Verletzungen und konnte manchmal von Verletzungen anderer profitieren, weil ich immer bereit war, wenn sich eine Chance ergeben hat.«

Und wenn er doch mal eine Verletzung hat, kommen sein Ehrgeiz und Einsatz zum Tragen.

»Einmal hatte ich eine Verletzung. Da haben die Ärzte gesagt, ich wäre für sechs Monate raus – doch nach zwei Monaten stand ich wieder im Tor. Ich war jeden Tag bei der Physio und habe gefragt: ›Wie sieht es aus? Was kann ich tun? Was darf ich schon wieder trainieren?‹ Und das habe ich dann auch alles gemacht. Ich kam dann nach der Verletzung besser trainiert zurück als vor der Verletzung. Wenn es mal nicht so läuft, ist das für mich ein Grund, mich noch mehr ins Zeug zu legen und die Ursachen für die schwierige Phase auszuhebeln.«

»Was bedeutet Erfolg für dich und welche Botschaft hast du für andere Menschen, die in ihrem Bereich so weit kommen wollen, wie es dir im Handball gelungen ist?«

»Erfolgreich im Leben bin ich, wenn ich meine Ziele verwirkliche – und das heißt für jeden etwas anderes. Im Sport heißt Erfolg für mich, Titel holen, Leistung bringen, besser werden und fokussiert sein. Die Entwicklung ist oft der größte Erfolg, weil er kaum von äußeren Faktoren abhängt. Mitgeben kann ich nur ein paar Kleinigkeiten: Es ist sinnlos, den einfachen, bequemen Weg gehen zu wollen, wenn man große Ziele erreichen will – das eine führt einfach nicht zum anderen. Ich würde empfehlen, sich am Ende jedes (Trainings-)Tags die Frage zu stellen, ob man alles gegeben hat, ob man wirklich so optimal vorbereitet war, dass man auch alles geben und mitnehmen konnte, ob man sich voll auf die Sache konzentriert hat, zugehört und gelernt hat oder ob man am Handy gespielt hat. Ob man den Fokus auf das Wesentliche gerichtet hat oder sich von Nebengeräuschen ablenken ließ. Das lässt sich auf alle Bereiche anwenden.«

Dass jedoch nicht jeder »fast krankhaft ehrgeizig« sein muss, zeigt auch der folgende Überflieger.

SEBASTIAN KLUSSMANN – NEUGIERIG DURCHS LEBEN GEHEN

Im Fernsehen nennen sie ihn den Besserwisser. Sonderlich überraschend ist das nicht, wenn man einen Blick auf seine Geschichte wirft. Sebastian Klussmann zählt weltweit zu den besten und erfolgreichsten Quizzern unter 30. Bekannt wurde er als »Jäger« in der beliebten Fernsehsendung *Gefragt – Gejagt*. Müsste man Sebastian in einem Wort beschreiben, wäre es wissbegierig. »Wenn ich irgendwo ein Plakat sehe und die Person darauf nicht kenne, will ich wissen, wer das ist«, sagt er selbst. Jede Information, die einen Wikipedia-Artikel verdient hat, will Sebastian irgendwie abspeichern:

> »Ich bin schon immer sehr neugierig und begabt darin gewesen, Informationen aufzunehmen und gut abzuspeichern, weil ich immer alles wissen wollte. Im Kindergarten habe ich Hauptstädte auswendig gelernt und viel Zeit mit dem Atlas verbracht. Geografie und Zahlen waren meine große Liebe. Ich konnte multiplizieren, bevor ich in die Schule gekommen bin.«

In der Schule erweiterte Sebastian seine Interessensgebiete und wollte in jedem Fach so viel wie möglich aufsaugen. Schmunzelnd erzählt er:

> »Irgendwann habe ich meine erste Quizsendung im Fernsehen gesehen und dann mit meiner Oma um die Wette geraten. Damals hatte ich natürlich nie den Hintergedanken, dass ich irgendwann selbst im Fernsehen auftreten würde; das gab es zu der Zeit auch nicht wirklich. Aber es gab eine Website, die ich zufällig gefunden habe, auf der man selbst Fragen kreieren konnte und es gab schon ein bestehendes Archiv mit 150.000 Fragen. Auf dieser Seite habe ich dann viel Zeit verbracht.«

An seinem ersten echten Quizwettbewerb nahm Sebastian durch Zufall teil. Auf einer Sprachreise nach Oxford landete er in einem Pub, in dem gequizzt wurde.

»Da habe ich zum ersten Mal gemerkt: Das Wissen, das ich habe, kann ich auch nutzen, und habe mich bestätigt gefühlt. Ich habe an zwei Runden teilgenommen und beide gewonnen. Da habe ich Blut geleckt. Vorher wusste ich gar nicht so recht, dass es so etwas gibt. Ich habe dann herausgefunden, dass es das auch in Berlin gibt und von da an war ich gefesselt und habe regelmäßig daran teilgenommen. Auch in der Schule kam dann die Bestätigung. In der Abizeitung stand bei mir zum Beispiel: ›wandelndes Lexikon‹. Dass mir früh die Rolle zugeschrieben wurde ›der weiß alles‹ – was natürlich nicht so ist –, hat dazu geführt, dass ich auch immer mehr wissen wollte. Das hat mich schon sehr bestärkt. Etwas zu finden, worin man gut ist, was einem Spaß macht, worin man von seinem Umfeld unterstützt wird und worin man auch noch Erfolg hat, das ist schon eine tolle Kombination!«

Zur Bedeutung des Umfelds meinte Sebastian: »Wenn man Bestätigung aus dem sozialen Umfeld erhält und sich in der Rolle[8] auch ganz wohlfühlt, dann tut man natürlich auch etwas dafür, um dieser Rolle gerecht zu werden.«

Im Jahr 2009 wurde Sebastian auf die Quiz-Weltmeisterschaften aufmerksam, die es seit 2003 gibt. Ein Jahr später war er zum ersten Mal dabei. Das Quizzen steckte damals zwar noch in den Kinderschuhen – die Weltmeisterschaft wurde dezentral ausgetragen –, aber Sebastian brachte sich direkt in die Organisation ein und unterstützte den deutschen Hauptveranstalter. Heute findet die Quiz-WM an etwa 120 Standorten statt; damals waren es nicht mehr als 50.

»Das Quizzen lag mir einfach«, sagt Sebastian selbstbewusst. »Bei der ersten WM waren zum Beispiel über 1000 Teilnehmer dabei und ich war beim ersten Mal in den Top 30, trotz des Kulturschocks und

8 Gemeint ist die Rolle als wandelndes Lexikon

des extrem hohen Fragenniveaus. Aber es war unglaublich interessant, weil man auch schnell gemerkt hat, was es noch alles zu lernen gibt.« Sein Vorgehen: Jedes Mal, wenn er etwas nicht wusste, schlug er es direkt im Anschluss nach. Denn es kann wirklich alles gefragt werden, solange es eine gewisse Relevanz hat; und man muss es zumindest auf Wikipedia finden können. Dabei hat allein das deutschsprachige Wikipedia mehr als zwei Millionen Artikel. »Die Fragen werden so gestellt, dass man unabhängig davon, wo man herkommt, gleiche Erfolgschancen hat. Da wird auch schnell mal was zur Kleidung in Lateinamerika oder zur Politik von Bhutan gefragt.«

Im selben Jahr war Sebastian auch im deutschen Nationalteam bei der EM dabei. »Mir wurde mit meinem Philosophiestudium immer gesagt, ich hätte schlechte Zukunftsperspektiven und würde bestimmt Taxifahrer oder Ähnliches. Aber Quizzen toppt das irgendwie«, sagt Sebastian lachend.

»Wie ging es dann weiter und wie konntest du davon leben?«

»Ich habe nach dem Wochenende dann für mich den Entschluss gefasst, einen deutschen Quiz-Verband zu gründen, den es damals noch nicht gab. Für mich war das unbegreiflich, weil ich mir dachte: Wenn etwas ein Sport sein möchte, muss es doch dafür einen Verband geben. 2011 habe ich dann meine Quizzer-Kontakte zusammengetrommelt und den Verband gegründet. Wir waren so etwas wie der DFB des Quizzens.«

„Der DFB des Quizzens – ich merke schon: Du verkaufst dich einfach besser."

Von da an nahm alles seinen Lauf: Sie organisierten einige Wettbewerbe, wie etwa die deutsche Meisterschaft, die deutsche Buzzer-Meisterschaft, die Doppel-Meisterschaft, erstellten Regelwerke und klärten die Zusammenstellung der deutschen Nationalmannschaft. Im Zuge dessen wurden einige deutsche Fernsehproduzenten auf den Verband aufmerksam.

»Innerhalb eines halben Jahres habe ich viele Anfragen von Quiz-Shows bekommen: selbst Kandidat sein, Fragen schreiben, und schließlich, als ich 22 Jahre alt war, kam auch die Anfrage, ob ich nicht beim Casting für die vor allem in England bekannte Quiz-Show *Gefragt – Gejagt* teilnehmen möchte. Die anderen ›Jäger‹ in der Show sind durchschnittlich 20 Jahre älter als ich, von daher war es schon etwas Besonderes, da eingeladen zu werden.«

»Wie hast du denn andere für den Verband begeistert?«

»Das Schöne ist: Es macht jede Menge Spaß. Die meisten, die einmal bei einem Wettbewerb mitmachen, kommen wieder. Man lernt enorm viel beim Quizzen und merkt, wie sich das eigene Wissen erweitert. Und durch den Spaßfaktor lernt man einfach am besten. Unser Deutschland-Cup hat zum Beispiel 100 Fragen mit zehn Kategorien à zehn Fragen.«[9]

Um all das Wissen gut abspeichern zu können, zählt für Sebastian vor allem eins: Es muss Spaß machen und ihn interessieren, sonst bleiben die Informationen nicht hängen: »Reines Auswendiglernen klappt nicht«, ist er sich sicher. Einem festen Trainingsplan folgt Sebastian dabei nicht – er schiebt aber nach:

9 Für die Wissbegierigen unter den Lesern: Die Kategorien sind Geschichte, Politik und Wirtschaft, Film und Fernsehen, Musik, Welt und Natur, Wissenschaft, Lifestyle, Kunst und Kultur, Literatur, Sport und Spiele. Fragen könnten dabei wie folgt aussehen:
1. Wie lautet der »stylische« Name, der laut Abuja-Vertrag geplanten Gemeinschaftswährung der Afrikanischen Union, die bis 2028 eingeführt werden soll?
2. Zu welcher führenden Hotelkette gehören die Marken Novotel, Ibis und Mercure?
3. Welchem bedeutenden Staat ist es laut Artikel 9 der eigenen Verfassung untersagt, eigene Streitkräfte zu unterhalten?

> »Ich ›trainiere‹, wenn man so will, letztlich immer, weil ich jede Situation nutze, um etwas zu lernen. Die Kunst besteht darin, neues Wissen in bereits vorhandenes Wissen einzubetten. Einen Meisterschlüssel für das Quizzen gibt es jedoch nicht. Gedächtniskunst ist etwas anderes, das funktioniert nur punktuell. Das Wissen, das ich aufnehmen möchte, ist ja unbegrenzt. Wenn ich etwas verstehen und nachvollziehen kann, dann merke ich es mir am besten.«

Ein Beispiel: Thema Essen. Es reicht für ihn nicht, ein Kochbuch zu lesen. Er muss emotional berührt werden. Wenn er ein Gericht auch mal gegessen hat, dann bleibt es am besten und längsten hängen.

Besonders wichtig ist für ihn das Reisen: »An bestimmten Orten gewesen zu sein, die Kultur und die Menschen zu erleben, ist für das Gedächtnis, aber auch die persönliche Entwicklung unersetzbar.«

Wie in allen anderen Bereichen, ist es auch beim Quizzen besonders wichtig, ins Tun zu kommen, um in der Sache besonders gut zu werden.

> »Ein guter Quizzer wirst du, indem du viel quizzt – das lässt sich durch nichts ersetzen. Und: Du musst offen sein und wirkliches Interesse haben. Nur wer wirklich lernen will, kann sich einen großen Wissensschatz aufbauen. Wir können ja in jedem Gespräch und von jeder Person etwas lernen. Das hört nie auf. Der nötige Ehrgeiz hilft da natürlich auch.«

Die beste Haltung fürs Lernen ist laut Sebastian: »Es kann ja nicht sein, dass ich das nicht weiß oder noch nie davon gehört habe – da muss ich mehr drüber herausfinden.« Zu guter Letzt rät er, sich nie zufriedenzugeben. »Man muss hohe Ansprüche an sich selbst haben. Ich merke bei mir zwar oft, ich werde diesen nicht immer gerecht, und das ist dann kein schönes Gefühl, aber es bringt einen dann doch weiter, weil man sich nicht ausruht.«

Doch trotz allem Ehrgeiz weiß auch ein Besserwisser nicht alles. Offensichtliche Fragen falsch zu beantworten, wurmt Sebastian am allermeisten.

> »In der finalen Jagd, dem Herzstück von *Gefragt, Gejagt*, wurde ich zum Beispiel einmal gefragt, aus welchem Teil von einem Ei Mayonnaise gemacht wird. Da muss man so schnell antworten und ich habe nur ›weiß‹ gesehen und dann auch Eiweiß gesagt. Da haben alle gelacht. Mich hat es genervt. Aber immerhin hat es für einen schönen Lacher gesorgt. Am meisten hat mich allerdings ein Fehler bei den Deutschen Meisterschaften 2013 gewurmt. Das ärgert mich heute noch, weil ich deswegen ›nur‹ Vize-Meister wurde. Da habe ich in der Eile einfach Ost und West verwechselt, als es darum ging, was westlich von Madagaskar liegt. Darüber habe ich mich ungemein geärgert. Das ist wie so ein ›Konzentrationskurzschlaf‹. Man muss wirklich die ganze Zeit präsent und voll bei der Sache sein. Wenn man unachtsam ist und verkrampft, verkrampft auch das Hirn.«

Auf seine weiteren Ambitionen angesprochen, gerät Sebastian regelrecht ins Schwärmen und meint:

> »Quizzen ist wie eine Berufung für mich. Da ist wirklich ein Traum wahr geworden, dass ich davon leben kann. Es ist echt erstaunlich, wie viel Zeit man in und für eine Sache investieren kann, wenn man ein Ziel, eine Vision hat. Der Aufbau des Quiz-Verbands und die Entwicklung des Quizzens miterleben zu dürfen, ist für mich ein Herzensprojekt, das ich noch sehr lange weitermachen möchte. Ich kann mir nicht vorstellen, irgendwann in meinem Leben damit aufzuhören.«

Davon kann ihn auch das ständige Weiterlernen oder das Paradox des Wissens nicht abhalten.

»Je mehr man weiß, umso mehr stellt man fest, wie viel man nicht weiß. Das kann schon deprimieren. Aufhören könnte ich aber trotzdem nur, wenn mir die kindliche Freude an neuem Wissen irgendwann einmal abhanden kommt. Dann würde es sich nur noch wie Arbeit anfühlen und das könnte ich woanders machen. Ich habe fast meine gesamte Zeit investiert, um Quizzen als Sport größer zu machen und aufzubauen.«

Das große Ziel lautet: Quizzen soll der zweitgrößte Denksport nach Schach werden.

DARIO MÜLLER – EIN PRAGMATIKER AM WERK

Nach meinem Treffen mit Dario Müller fühlte ich mich an die Worte von Oscar Wilde erinnert: »Ich habe einen ganz einfachen Geschmack: Ich bin immer mit dem Besten zufrieden.« Das hätte auch von Dario kommen können, der meint: »Das Leben ist zu kurz für Mittelmäßiges; lieber sehr gut, aber dafür nicht so viel davon. Dadurch lebt man auch glücklicher.« Auch in ihrem extravaganten Auftreten schenken sich Dario Müller und Oscar Wilde herzlich wenig. Der berühmte irische Dandy aus dem 19. Jahrhundert hinterließ Eindruck, wo immer er sich zeigte. Eine Begegnung mit Oscar Wilde blieb ausnahmslos in Erinnerung. Denselben Effekt erzielt Dario: Er kokettiert mit ausgefallenen Outfits, schafft Sympathien durch sein anmutiges Auftreten und bannt die Aufmerksamkeit durch seine erfrischend anderen Ansichten und seine komplett aus dem Raster fallende Geschichte. Ich kann mir nicht vorstellen, dass jemand Dario trifft und ihn wieder vergisst.

»Ich hatte riesiges Glück in meinem Leben, weil ich durch meinen familiären Hintergrund in vielen Ländern aufwachsen durfte,« fängt er an zu erzählen. »Es ging los in Lübeck, dann nach Costa Rica, England, Spanien, Peru und in die USA. Ich habe in der Zeit 13 Schulwechsel durchgemacht.« Was es bedeutet widerstandsfähig zu sein, hat Dario durch diese Zeit gelernt.

> »Davon profitiere ich noch heute. Ich wurde in eine neue Schulklasse gesetzt und dann hieß es: ›Go! Mach mal, Junge.‹ So war mein Leben bis zu meinem 16. Geburtstag. Dadurch bin ich zu einem Menschen geworden, der Lösungen gefunden und einen eigenen Willen entwickelt hat.«

Mit 16 Jahren begann auch seine unternehmerische Laufbahn, wobei der Auslöser dafür eher ungewöhnlich war.

> »Da ich irgendwann auf die Idee gekommen bin, mit dem Taxi in die Schule fahren zu wollen, um den Tag mit maximalem Komfort starten zu können, meine Eltern das selbstverständlich nicht finanzieren wollten, musste ich selbst kreativ werden und nach einer Lösung suchen. Ich hatte damals 190 Euro gespart, habe damit eine Uhr gekauft und sie für das Doppelte weiterverkauft. Das habe ich dann ein paar Mal gemacht und gemerkt, dass ich auf diese Art ganz gut verdienen kann.«

Auf meine Frage, wieso man als 16-Jähriger mit dem Taxi in die Schule fahren will, erwidert Dario lachend:

> »Manche wollen eine Playstation, andere ein Surfboard, ich wollte eben entspannt in den Tag starten und habe nach einem Weg gesucht, wie sich das realisieren lässt. Ich wollte das und habe mir dann auch nicht reinreden lassen. Ich bin fest davon überzeugt, dass jeder das machen sollte, was ihm ein gutes Gefühl gibt – es muss natürlich ökonomisch nachhaltig sein. Jeder setzt seine Prioritäten selbst.«

Ein Jugendlicher, der mit Uhren handelte und sich aus Komfortgründen mit dem Taxi in die Schule fahren ließ – so etwas hatte ich noch nie gehört. Heute leitet Dario Europas exquisitesten Luxusgüterkatalog, der mehrfach als Katalog des Jahres ausgezeichnet wurde, ist Wirtschaftsjurist, Redner und Buchautor.

»Wie ging deine Laufbahn dann weiter?«

> »Ich habe daraufhin immer mehr Produkte getestet, habe gesehen, was funktioniert gut und was nicht, und wollte dann mein erstes Buch machen, um meine ganzen Produkte hochwertig präsentieren zu können.«

Die Finanzierung dieses Vorhabens löste Dario erneut auf ungewöhnliche Art und Weise:

> »Mir hat sich die Möglichkeit geboten, die gesamten Montblanc-Stifte von einem Flughafen aus Tel Aviv zu importieren. Auf meinem Konto hatte ich zu dem Zeitpunkt 7000 Euro und dafür habe ich dann den gesamten Bestand – etwa 80 Montblanc Stifte – gekauft. Die Frau, von der ich das Paket beim Zoll abholen sollte, arbeitet noch heute dort und muss angesichts dieser Story immer noch schmunzeln. Ich habe die Stifte an eine große Hamburger Reederei weiterverkauft und hatte meinen ersten großen Geschäftstermin im Atlantic Hotel. Ich saß dann da als 18-Jähriger vor diesem großen Geschäftsführer mit über 13.000 Mitarbeitern und habe mit ihm verhandelt. Er wollte alle Stifte als Geschenk für seine Kunden kaufen und ich habe sie ihm dann für über 350 Prozent mehr weiterverkauft und konnte ihn sogar überzeugen, in Vorkasse zu gehen.«

Durch diesen Deal fand sich Dario an einem Scheidepunkt seines Lebens wieder, weil er nun Möglichkeiten für größere Investitionen hatte. Nun drängte sich logischerweise die Frage auf, wie es für ihn weitergehen sollte. »Ich habe dann die erste Dario's-Ausgabe erstellt – ein äußerst hochwertiger Produktkatalog, wie es ihn zu der Zeit noch nicht gab. Da habe ich zusammen mit zwei Kollegen viele Nachtschichten reingesteckt.« Intensive Arbeit, die sich lohnen sollte. »Das Buch ist eingeschlagen wie eine Bombe. Leute hatten große Vorurteile gegen Produktkataloge – bis Dario's erschienen ist. Das hat dann unter anderem dazu geführt, dass mich der Verkaufsleiter von Cartier besuchen kam.« Doch die Sache hatte einen Haken: Dario hatte noch kein Firmenbüro und der Verkaufsleiter wollte ihn in drei Wochen treffen. Dem Ansatz, pragmatisch zu handeln, ist Dario auch in dieser Situation treu geblieben.

> »Ich bin dann bei mir zu Hause durch die Wohnung gelaufen, habe mit meiner Mutter geredet und ihr gesagt, wir müssten die Einrichtung ein wenig verändern. Ich habe viel an die Diakonie verschenkt, neue Möbel gekauft, alles im Stile eines Luxusgüterunternehmens eingerichtet, meine Mutter als Sekretärin umfunktioniert *(lacht augenzwinkernd)* und habe ihn in meinem Wohnzimmer, das ich als Büro präsentiert habe, empfangen. Wir haben uns drei Stunden lang unterhalten, sind dann essen gegangen und er meinte schließlich: ›Cartier Paris muss Sie noch autorisieren, das dauert ein wenig, aber grundsätzlich wird dem nichts im Wege stehen.‹ Drei Monate später kam dann auch tatsächlich der Anruf. Witzig ist: Ende 2014 ist der Verkaufsleiter in Rente gegangen, wir hatten dann noch ein Abschiedsessen und da habe ich ihn gefragt: ›Wissen Sie eigentlich, wie alt ich war, als Sie mich autorisiert haben?‹ Er nur so: ›Ähm, ne, wieso?‹ Da habe ich ihm gesagt, dass ich 18 Jahre alt war. Das hat ihn dann doch etwas stutzig gemacht und er meinte: ›Dann waren Sie der mit Abstand jüngste auf der ganzen Welt.‹ Wir sind heute noch befreundet.«

Doch Cartier sollte nur der Vorreiter sein. Mit einem Schlag kontaktierten viele andere luxuriöse Marken Dario und wollten in sein Buch aufgenommen werden. »Das hat natürlich alles verändert. Ich wurde dadurch zum autorisierten Wiederverkäufer. Bei vielen Marken hatten wir die exklusiven Rechte in ganz Europa. Meine Hemmschwelle ging dann auch entsprechend runter und ich habe mich getraut, überall anzurufen und zu fragen, ob wir das Produkt in unser Buch aufnehmen dürfen.« Seine wohl ausgefallenste Anfrage ging an die NASA, nachdem er zufällig mitbekommen hatte, dass sie ihr Discovery-Raumschiff verkaufen wollte.

> »Ich habe dort angerufen und denen erklärt, ich hätte das Raumschiff gerne in meinem Katalog. Ich habe denen dann ein Buch zukommen lassen und zwei Wochen später hieß es, sie hätten dagegen nichts einzuwenden, allerdings seien die Turbinen Eigentum des US-Militärs. Sollte das Raumschiff also die USA verlassen, müsste es ohne Turbinen ausgeliefert werden. Daran ist es dann leider gescheitert, weil ich meinen pragmatischen Ansatz nicht brechen wollte und mir als naiver 19-Jähriger dachte: ›Wenn ich es verkaufe, muss es auch funktionieren. Ich kann ja nichts verkaufen, was sich nicht benutzen lässt.‹.«

»Woher kommt dieses pragmatische und grenzenlose Denken?«

> »Es wurde auf jeden Fall in meinem Modestudium bestärkt. Unsere Professoren haben uns immer gesagt, wir sollen uns nicht in unserer Gestaltungsfreiheit einschränken lassen.«

Nach kurzem Überlegen sagt er schließlich lachend: »Wir müssen einfach pragmatisch sein, um uns den wichtigen Dingen widmen zu können.«

»Und die wären?«

> »Das Wichtigste für mich ist, etwas zu tun, bei dem man am Ende des Tages wieder inspiriert nach Hause gehen kann. Wenn ich Vorträge halten darf, spreche ich immer über die Liebe zum Unternehmen. Die meisten reden über Leidenschaft, aber das trifft meiner Meinung nach noch nicht den Punkt, weil Leidenschaft et-

was Selbstzentriertes ist und auf die Befriedigung des Erfolgs aus ist. Die Liebe zum Unternehmen ist deshalb entscheidend, weil auch Zeiten kommen können, in denen du mal über einen langen Zeitraum kein Erfolgserlebnis hast. Woher schöpfst du dann die Kraft weiterzumachen? Woher schöpfst du in einer Beziehung die Kraft weiterzumachen, wenn du immer das leidenschaftliche Bedürfnis nach Erfolgserlebnissen hast? Ich glaube auch, dass du dadurch ein glücklicherer Mensch wirst, wenn dein Herz in deiner Arbeit steckt. Ich kenne genügend Menschen, die große Unternehmen aufgebaut haben, dann aber frühzeitig in Rente gegangen sind, weil sie es gehasst haben und keine Lust mehr hatten. Und so über seine berufliche Zeit zu sprechen, ist doch mehr als schade?!«

Darios Aussagen mögen für manche stellenweise ein wenig realitätsfern klingen. Doch zwei Dinge dürfen dabei nicht außer Acht gelassen werden: Zum einen hat Dario mit 190 Euro angefangen und sich alles eigenhändig aufgebaut. Zum anderen steckt immens viel harte Arbeit und knallharte Disziplin hinter seinem geschäftlichen Erfolg. Er hat sein Geschäft über Jahre hinweg entwickelt und hat beachtlichen Fleiß bewiesen, wie wir gleich noch genauer sehen werden.

»Ich studiere nebenbei noch für meinen Master in Modemanagement an der Aix-Marseille-Universität in Frankreich. Es gibt keinen, der mir sagen kann: ›Oh, Doppelbelastung, das schaffst du nicht.‹ Es ist eine Organisationsfrage und ich weiß, was ich leisten kann. Ich stehe dafür jeden morgen sehr früh auf, mache Yoga und starte dann mit einem gesunden Frühstück meinen Tag. Um die Yoga-Praktik zu erlernen, bin ich extra nach Indien geflogen. In Frankreich[10] gehe ich morgens immer noch eine Runde schwimmen. Ich brauche den Sport auch als Ausgleich, sonst hältst du das nicht aus – weil du als Unternehmer einfach unter Druck

10 Darios Zweitwohnsitz ist in Marseille.

stehst und du volle Leistung bringen musst. So bin ich mental und körperlich top fit.«

»Wofür machst du das alles? Was treibt dich an und wieso fährst du nicht mal ein paar Gänge runter?«

Mit funkelnden Augen erklärt mir Dario:

»Mein Antrieb ist die Liebe zur Sache und der Spaß; es macht einfach unglaublich viel Spaß. Es hat Spaß gemacht, die Uhren zu verkaufen, es hat Spaß gemacht, die Stifte zu kaufen und im Luxushotel weiterzuverkaufen, und es macht Spaß, heute immer wieder neue Produkte mit aufzunehmen und den Kunden anzubieten.«

Sein großes Vorbild war schon immer sein Großvater, der in Peru eine Universität und Schulen gegründet und damit einen großen Beitrag zur Bildung der Peruaner geleistet hat.

»Mein Opa hat mehrfach zu mir gesagt: ›Wenn du es in deinem eigenen Land nicht schaffst, dann schaffst du es auch nicht draußen.‹ Das war eine Anspielung auf die vielen Menschen, die ständig fliehen wollen oder das Umfeld für das eigene Scheitern verantwortlich machen und sich einreden, woanders hätten sie Erfolg. Und da stimme ich ihm zu: Wenn du in deinem eigenen Haus das Licht nicht ankriegst, wird es auch an anderer Stelle nicht klappen.«

Durch sein Alter hat sich Dario nie beirren lassen.

»Ich habe mir zwar schon hin und wieder gedacht: Eigentlich bist du doch noch zu jung dafür – aber diesen Gedanken habe ich irgendwann einfach fallen gelassen. Ich weiß heute auch, dass Alter nie für Qualität steht. Du kannst jung sein und sehr gut in dem sein, was du tust, und du kannst alt und gut sein. Das Gegenteil trifft ebenfalls zu.«

Genau wie Philipp Stein und Delia Fischer betont auch Dario Müller den Fokus auf Details und macht diesen als Erfolgsgarant seines Geschäfts aus.

»Jedes Paket, das unser Haus verlässt, muss perfekt sein. Von diesem Standard kann ich nicht abrücken. Unsere Qualität ist ein Wiedererkennungsmerkmal. Wir wären nicht mehr Dario's, wenn wir anders vorgehen und von unseren hohen Standards abweichen würden. Meine Mitarbeiter setzen das auch beachtlich um. Das Dario's-Buch geht einmal jährlich an unsere Kunden – das machen wir seit zwölf Jahren. Wir haben dadurch einen ganz außergewöhnlichen Kundenstamm aufgebaut – von Präsidenten über königliche und kaiserliche Familien bis hin zu Politikern, Schauspielern, Milliardären und Sportlern. Da ist wirklich fast alles dabei.«

»Welches Ziel verfolgst du mit deinem Unternehmen?«

»Unser Plan ist es, das Aushängeschild schlechthin für Feinkost Made in Germany zu werden – wir wollen weltweiter Botschafter des guten Geschmacks aus Deutschland werden. Im Jahr 2014 haben wir unsere Feinkostlinie ins Leben gerufen und die entwickeln wir seitdem auf Hochtouren. Ich war deshalb auch letztes Jahr ein Semester an der Abu Dhabi University in den Vereinigten Arabischen Emiraten, um mehr über diesen Bereich zu lernen.«

Dort hat Dario auch sein Buch *How To Do Business in the UAE* herausgebracht und die Chance genutzt, arabisches Recht zu studieren und Arabisch zu lernen; eine von einem Dutzend Sprachen, die Dario spricht – die Hälfte davon fließend.

Dass schwere Phasen, Herausforderungen und Rückschläge dazugehören, wenn man große Ziele verfolgt, betont auch Dario.

»Das brauchst du auch. Wenn du die nicht hast, dann lebst du in einer Blase, die irgendwann platzt, und dann hast du ein riesiges Problem. Ich weiß genau, was ich will und wo ich hinwill, und das ist ein Riesenvorteil im Leben – sei es für das Unternehmen oder in Beziehungen oder in anderen Bereichen. Am Ende siegt Pragmatismus, das ist die wichtigste deutsche Tugend, die ich lernen durfte. Wenn du ein Problem im Leben hast, dann musst du nach der gesündesten und effizientesten Lösung dafür suchen und nicht darüber rummeckern und jammern.«

Es geht um glücklich gelebte Lebenszeit und nicht darum, sich ständig Ausreden auszudenken.

Darios finaler Ratschlag:

» Es klingt kitschig, aber wir bereuen immer nur das, was wir nicht getan haben. Deswegen sage ich immer: Mach das, was dich persönlich glücklich macht und rechtfertige dich nicht dafür. Es muss nicht immer einen Grund für alles geben. Wenn ich der Meinung bin, dass eine Entscheidung das Beste für mich ist, dann treffe ich sie auch. Es geht doch um glücklich gelebte Lebenszeit und nicht darum, sich ständig Ausreden auszudenken. Wir müssen uns nicht jeder Konvention beugen. Wenn wir uns Dinge selbst erarbeiten, können wir es am meisten genießen und wertschätzen, dass wir nach unseren eigenen Standards leben dürfen. Das macht glücklich und befriedigt dich viel mehr, als wenn du etwas einfach nur kriegst, ohne dafür etwas getan zu haben.«

EINSATZ MACHT DEN UNTERSCHIED

Um in einer Sache wirklich gut zu werden und eine Fertigkeit zu meistern, bedarf es vor allem langfristiger Hingabe und intensivem Training – das haben nicht nur die Beispiele aus diesem Kapitel, sondern auch Fälle wie Kontra K (zehn Jahre hat es bis zu seinem Durchbruch gedauert), Fee-Gloria Grönemeyer und Joshua Kimmich gezeigt. Stark ausgeprägte mentale Repräsentationen, wie bei Andreas Wolff bilden sich nun mal ausschließlich durch Wiederholungen, beständige Arbeit und immer wieder neue Herausforderungen. Nur dadurch können sich Automatismen einspielen und wir können fast blind auf unsere Fähigkeiten vertrauen. Das ist sicherlich nicht jedermanns Sache, aber wer sich von der breiten Masse absetzen und in seinem Bereich ein außergewöhnliches Niveau erreichen möchte, dem gelingt das ab einem gehobenen Level nur durch effektives Training beziehungsweise effektives Arbeiten sowie durch Hartnäckigkeit. Je weiter man kommt, umso mehr muss man für den nächsten Schritt tun. Erste Fortschritte lassen sich meist leicht erzielen, sobald der Entwicklungsprozess jedoch mühsamer wird und erste Hürden auftreten, beginnt der automatische Selektionsprozess. Die Besten sind ausnahmslos jene, die die nötigen Stunden investiert haben, beständig am Ball geblieben und die vor Herausforderungen nicht zurückgeschreckt sind.

IMPULSE DER JUNGEN ÜBERFLIEGER

- »Das Wichtigste ist, sich immer wieder selbst zu hinterfragen, ob man alles gegeben hat, um sein Ziel zu erreichen. Wenn nicht, muss man sich fragen, warum nicht. Ich blicke lieber zurück und gestehe mir ein: ›Okay, es hat halt nicht gereicht, warum auch immer, aber ich habe zumindest alles versucht.‹ Nur dann habe ich mir selber nichts vorzuwerfen.«
  Andreas Wolff

- »Miss dich immer an dir selbst und strebe danach besser zu werden. Dann wirst du nie aufgrund von Vergleichen einem großen Druck erlegen. Du machst es für dich, für niemand anders.«
  Sebastian Klussmann

- »Führ ein Leben ohne Reue und ohne Konjunktive. Mach das, was du für richtig hältst und lass dich nicht durch Angst oder andere zurückhalten. Wenn du keine Reue hast, hast du auch keinen Grund, unglücklich zu sein.«
  Dario Müller

6. BESTÄNDIGKEIT UND VERZICHT

»Wenn du einige Jahre lang das tust, was die meisten Menschen niemals tun, dann wirst du das tun können, was den meisten Menschen ihr ganzes Leben lang nicht möglich sein wird.«

Wade Cook

Was entscheidet darüber, ob jemand lediglich ein Sprinter oder tatsächlich ein schneller Marathonläufer ist? Man muss schon im positiven Sinne verrückt und ein wenig besessen von seiner Sache sein, wenn der Weg weit gehen soll – so lautet der Tenor vieler Sporttrainer, Investoren und Förderer von vielversprechenden Talenten. High-Performance-Coach Brendon Burchard meint beispielsweise, allein durch einen langen Atem und Beständigkeit könne man den Großteil der vermeintlichen Konkurrenz hinter sich lassen. Robin Sharma, Autor des internationalen Bestsellers *Der Mönch, der seinen Ferrari verkaufte*, rät, länger im Ring zu bleiben, als es von anderen als weise empfunden wird. Warren Buffet spricht gerne vom Schneeballeffekt: Wer konstanter ist und hartnäckiger an einer Sache arbeitet als andere, baut nicht nur Größeres auf, sondern dringt in vielen Fällen auch in höhere Sphären vor. Der Schriftsteller Stendhal (Marie-Henri Beyle) hat mal geschrieben: »Ach, nichts kündigt das Genie an, höchstens Beharrlichkeit könnte ein Fingerzeig sein.« Wie das bekannte Sprichwort sagt: Steter Tropfen höhlt den Stein.

Beharrlichkeit hat Michael Phelps zum erfolgreichsten Olympioniken der Geschichte gemacht; sie hat Marie Curie zum doppelten Nobelpreis geführt und Jerry Rice in die Geschichtsbücher der NFL eingehen lassen. Ohne sie hätten wir nie von Michael Jordan gehört; Stephen Kings Werke wären nicht weltbekannt und Elon Musk hätte nicht die Auto-, Solarenergie- und Raumfahrtindustrie erobert.

Große Ziele können nur erreicht werden, wenn die Bereitschaft besteht, auf viele andere Dinge zu verzichten, so schön diese auch sein mögen. Nur wenn man über Jahre hinweg daran arbeitet, selbst wenn man der Einzige sein mag, der einen Sinn im eigenen Tun erkennt, kann etwas Großartiges entstehen. Da stellt sich die Frage: Woher kommen diese Beständigkeit und die Bereitschaft, auf so vieles zu verzichten, und wie wirkt sich das aus?

CHRIS TALL – AUSPROBIEREN, ÜBERKOMPENSATION UND GLÜCK ERZWINGEN

Es war nicht seine natürliche und lockere Art, nicht sein souveräner Auftritt, den ich aus der ersten Reihe in Chur (Schweiz) miterleben durfte. Es war auch nicht seine fast schon beängstigende Schlagfertigkeit, die mich am meisten an Ausnahme-Comedian Chris Tall beeindruckt hat. Es war vielmehr ein beiläufiger Kommentar eines Newcomer-Kollegen, der seine Tour begleiten und immer mal wieder für ein paar Minuten zum Üben auftreten durfte. Nachdem Chris mit seiner Show fertig war und noch mit jedem einzelnen Fan, der auf ihn wartete, Fotos knipste und Gespräche führte, unterhielt ich mich ein wenig mit diesem Kollegen. Ich wollte ein bisschen mehr über die Comedy-Szene herausfinden und verstehen, wie man in diesem Bereich so erfolgreich werden kann, wie es bei Chris der Fall, ist und ich wollte auch den Hintergrund des Kollegen kennenlernen und mehr über seine Ambitionen erfahren. Nach ein paar Gedanken zur Comedy sagte er zu mir:

> »Ohne Chris wäre ich gar nichts. Und eigentlich gibt es für Chris nicht mal einen Grund, mich mit auf Tour zu nehmen. Seine Ti-

ckets verkaufen sich von alleine. Aber er macht es trotzdem, und er gibt mir nach jedem Auftritt Feedback, sagt mir genau, was ich noch besser machen kann, macht mir Mut und glaubt an mich. Er streckt mir sogar mal was vor, wenn ich einen finanziellen Engpass habe, obwohl ich nicht einmal darum bitte. Wenn ich mal Karriere machen sollte, dann nur, weil ich von Chris lernen durfte und er mich mit auf Tour genommen hat.«

Der Gedanke, dass erfolgreiche Menschen anderen helfen, ebenfalls erfolgreich zu werden, wurde durch diese Aussage mal wieder bestärkt. Doch wie ist Chris Tall da überhaupt hingekommen?

»Künstler allgemein sind ja schon sehr sensibel. Es ist jetzt nicht so, als hätte jeder Künstler eine richtig schlimme Kindheit hinter sich, aber irgendwas kompensieren wir Künstler alle. Was es ist, kann ich gar nicht genau sagen, aber da ist definitiv etwas. Da muss eine Sache fehlen, was dazu führt, dass so ein Antrieb entsteht.« Chris' Worte könnten tatsächlich von fast jedem Künstler stammen. Über Thomas Mann ist beispielweise bekannt, dass er für *Doktor Faustus* überwältigendes Feedback erhalten hat, aber eine kleine negative Randbemerkung ihm richtig den Tag vermiesen konnte und er das extrem persönlich nahm. Chris meint, ähnlich wie der Literatur-Nobelpreisträger es empfunden hat:

»Du kannst 40 gute Auftritte hintereinander haben und einmal läuft es nicht so wirklich und schon fragst du dich: ›Oh Mann, was erzähle ich den Leuten da eigentlich? Das kann doch niemand witzig finden. Das interessiert doch gar keinen. Ist doch Scheiße, was ich hier mache!‹ Du fängst dich dann aber auch schnell wieder. Die Gemütslage ist gerade anfangs sehr schwankend.«

Er erzählt:

»Ich habe als Kind und Jugendlicher schon übermäßig viel Aufmerksamkeit gebraucht. Kritik ging gar nicht. Ich habe immer widersprochen und verlieren konnte ich auch überhaupt nicht. Wenn ich mal nicht geglänzt habe, hatte ich früher immer eine Ausrede parat. Als ich zum Beispiel noch Fußball gespielt habe, war ich Torwart und bei jedem (!) Tor, das ich kassiert habe, war etwas. Immer habe ich gesagt: ›Ja, wie soll ich den denn halten, wenn hier ein kleiner Stein liegt.‹ Ich konnte nie Schwäche zugeben, das war schon krass. Irgendetwas in mir hat stets die Aufmerksamkeit gebraucht. Ich habe auch (fast) immer im Unterricht gestört; was die Lehrer gesagt haben, war mir egal – Hauptsache, die Leute fanden mich lustig. Und als irgendwann ein Lehrer mal zu mir gesagt hat: ›Du musst jetzt ruhig sein, sonst schmeißen wir dich noch von der Schule‹, da war ich tatsächlich eine Stunde lang still. Das wäre für jeden anderen wahrscheinlich normal gewesen, aber ich dachte mir nur: ›Krass, jetzt war ich echt die ganze Stunde lang ruhig.‹ Und direkt bin ich zum Lehrer gegangen und habe ihn darauf aufmerksam gemacht. Sofort wollte ich die Anerkennung dafür, dass ich ruhig war. Bescheuert, oder? Aber so war es halt. Die Aufmerksamkeit war schon eine Sucht. Und natürlich suche ich sie heute auch noch, genieße es, im Mittelpunkt zu stehen. Ich sauge den Applaus auf, er gibt mir Energie. Es ist einfach ein geiles Gefühl zu wissen: Heute sind alle hier und hören nur mir zu *(lacht)*.«

Große Erfolge durch Überkompensation aus schmerzlichen Erfahrungen in jungen Jahren oder durch den Versuch, einen wahrgenommenen Mangel (etwa fehlende Aufmerksamkeit) auszugleichen, kann als treibende Kraft für alles Weitere im Leben dienen. Das werden wir auch gleich bei Sophia Thiel noch sehen. Wir können das aber auch in der Geschichte immer wieder beobachten: Bei Wilma Rudolph, die erst als Achtjährige richtig laufen konnte und dann mit 20 Jahren den Weltrekord über 100 und 200 Meter hielt, oder bei Demosthenes, dem Stotterer, der wegen der Überkompensierung seiner Sprachbehinderung als einer der größten Oratoren des Abendlandes gilt. Bis heute dient er als große Inspirationsquelle für andere Redner. John F. Kennedy, der 35. Präsident der Vereinigten Staaten, mit dem so viele Träume und Hoffnungen in Verbindung gebracht wurden, kam mit einer Deformation des Rückgrats auf die Welt und erlitt später einen schweren Wirbelsäulenschaden, der ihn dazu zwang, immer ein Korsett zu tragen. Seiner Stärke, die jegliche Schwäche verbergen sollte, wollte er durch große Machtdemonstrationen in der Politik Geltung verleihen. Oder nehmen wir Nelson, Napoleons großer Widersacher: Er war ein physisches Wrack und bot dem französischen Kaiser dennoch die Stirn. Seinerzeit galt er als beliebtester Engländer, der seine Besatzung wie kein anderer motivieren konnte. Hemingway, der als Kind in Mädchenkleider gesteckt wurde, sagte: »Für diese Maskerade räche ich mich mein Leben lang! Ein Mann will ich werden wie keiner sonst, der Macho des Jahrhunderts!« In seinen Werken spiegelt sich dieser Gedanke oft wider.

Wolf Schneider geht in seinem grandiosen Werk *Die Sieger* sogar so weit zu sagen, dass wenn jemand »gänzlich frei von Rachedurst und von dem Drang, Mißbildung oder Mißgeschick zu kompensieren [ist] – so braucht er wenigstens den Mißerfolg, um produktiv zu werden. [...] Die angeborene Begabung in Werke umzusetzen, gelinge dem Genie nur, wenn es das Maximum an Frustration erreiche. Ohne Leiden und Leidenschaft ist wenig Großes auf der Welt entstanden.«

Im Hamburger Osten ist Chris Tall aufgewachsen. Auf eine große Karriere deutete damals nicht sonderlich viel hin. »Ich dachte immer Promis und erfolgreiche Menschen kommen von anderen Sternen – das war alles endlos weit weg für mich.« Trocken ergänzt er: »Gymnasium, 5. Klasse – zu schlecht, dann 6. bis 10. Klasse Realschule, danach Fachabitur mit Schwerpunkt Büroverwaltung und Wirtschaft und dann eine Ausbildung als Versicherungskaufmann und ein halbes Jahr Arbeit bei der Allianz.« Heute füllt er Stadien mit 10.000 bis 15.000 Fans.

»Wie ist dir ein derartiger Sprung gelungen?«

»Die Erste, die gesagt hat: ›Chris, du gehörst auf die Bühne‹, war meine Mutter. Wenn ich von der Schule nach Hause gekommen bin und ihr Geschichten aus der Schule erzählt habe, hat sie sich kaputtgelacht und fand es total lustig. Als ich dann aber ein paar Jahre später tatsächlich mal auf der Bühne stand, habe ich schnell gemerkt: Ich bin hier total anders als zu Hause und erzähle viel verkrampfter, als wenn ich es meiner Mutter erzähle. Plötzlich stand ich da ganz steif und habe komisch geredet.«

Wer ihn heute auftreten sieht, wird sich das kaum vorstellen können – zu souverän und abgeklärt präsentiert er sich dafür. Er vergleicht seine Beziehung zur Comedy mit der zum Fußball: »Beides habe ich schon immer geliebt.« Mario Barth war sein großes Vorbild.

»Ich erinnere mich noch genau daran, als ich dann mal einen ganz jungen Comedian im Fernseher gesehen habe: Fabian Hintzen. Der war zu der Zeit 18 Jahre alt und im RTL2 Fun Club. Etwas naiv dachte ich mir damals: Wenn der das kann, kann ich es zumindest mal probieren, und wollte auch direkt dort auftreten. Natürlich wusste ich nicht, dass Fabian schon mit 13 auf der Bühne gestanden hatte und enorme Erfahrung besaß.«

Während seiner Ausbildung bei der Allianz fing Chris aktiv mit der Comedy an, und am 5. März 2011 hatte er dann seinen ersten richtigen Comedy-Auftritt in Trier. »Im Finale bin ich zwar kläglich gescheitert, aber ich hatte Blut geleckt.«

Darauf folgte ein großer Schritt. Chris ließ für seinen Traum, erfolgreicher Comedian zu werden, das Leben in Hamburg erst einmal hinter sich und zog alleine nach Köln, um dort auf den vielen offenen Bühnen Erfahrung zu sammeln. Er suchte sich einen Job, um sich über Wasser zu halten. Der Vorteil an Köln war, dass man auftreten konnte ohne Ende – laut Chris das einzige wirkliche Training im Comedy-Bereich.

»Bei der Comedy gibt es nur die nackten Fakten. Du kannst vorm Spiegel stehen, du kannst Dinge auswendig lernen, du kannst alles probieren, aber nur das Publikum bringt dich weiter; nur durch Auftritte wirst du besser. Nur das Publikum ist ehrlich und spiegelt dir sofort, ob du tatsächlich lustig und gut bist, oder eben nicht. Durch das Auftreten kannst du dann immer an deinen Texten feilen, dir deine eigenen Videos ansehen und deinen Auftritt von außen beurteilen, aber du musst dir immer wieder das Feedback direkt auf der Bühne holen. Es gibt tatsächlich Comedians, die nicht so oft auftreten und nur selten die Möglichkeit haben, ihr Zeug zu testen, und das spürst du dann sofort. Die treten auf der Stelle. Für mich war deshalb auch der Schritt nach Köln so entscheidend, weil ich so oft auftreten konnte. Als Newcomer ist es dann besonders wichtig bei Comedy-Wettbewerben mitzumachen, weil man dadurch die Möglichkeit kriegt, auch mal vor 200 Leuten zu spielen – das ist schon viel am Anfang. Sonst bist du froh, wenn du 40 Leute im Publikum hast.«

Unmittelbar vor seinem ersten richtig großen Erfolg als Comedian kam jedoch erst einmal ein herber Tiefschlag.

»Ich sage zwar: Einerseits musst du konstant Leistung zeigen, andererseits darfst du dich nicht durch einen schlechten Auftritt komplett aus der Spur bringen lassen. Doch das lässt sich viel leichter sagen als umsetzen. Ich kann mich noch genau an einen Abend in Köln erinnern, als mein Idol (heute sind wir Freunde) Bülent Ceylan im Publikum saß. Wir waren mehrere Künstler Backstage und alle prahlten noch, dass sie neue Dinge testen werden. Als wir Bülent gesehen haben, war jeder plötzlich sehr kleinlaut und alle haben die Sicherheit dem Risiko vorgezogen. Der Erste ist dann aufgetreten – lief super. Der Zweite trat auf – lief auch super. Mein bester Kumpel war damals auch dabei und hat auch eine super Show geliefert. Dann war ich dran und dachte mir: ›Geil, jetzt haue ich einen raus!‹ Und dann bin ich so abgestürzt, das kannst du dir nicht vorstellen. Ich war so nervös und so schlecht! In meiner Verzweiflung habe ich kurz den Blickkontakt zu Bülent gesucht, aber der hat mich nicht angesehen, sondern nur verlegen aufs Handy geschaut oder so. Ich bin so schlecht gewesen, dass sich mein bester Kumpel danach so für mich geschämt hat, dass er sogar den Raum verlassen musste. Das war so schlimm und es war auch eine Woche vor dem großen RTL Comedy-Grand-Prix. Wir standen nach der Show alle draußen und Bülent ist dann noch einmal zu uns gekommen, hat zu jedem kurz etwas gesagt und viel Lob verteilt. Er hat hervorgehoben, was er richtig gefeiert hat, und ich habe natürlich gemerkt, wie gezwungen es war, als er irgendwie versucht hat, noch eine kleine Nettigkeit loszuwerden, sich dann aber sofort von mir wegdreht hat. Da wusste ich schon: Der findet mich richtig beschissen.«

Doch größten Enttäuschungen folgen oft große Siege – so auch bei Chris.

»Eine Woche später habe ich den Grand-Prix dann tatsächlich gewonnen und habe mich gleich gefragt: Was muss sich Bülent gedacht haben, als der gehört hat, dass ich hier gewonnen habe? Aber das sind Sachen, die du mal durchgemacht haben musst; das pusht dich schon extrem. Seitdem habe ich mich nie mehr durch irgendjemanden im Publikum aus dem Konzept bringen lassen. Das vergesse ich nie.«

Aus solchen Momenten der Demütigung, der Enttäuschung und der Scham kann enorme Kraft geschöpft werden. Ganz nach dem Gedanken von Wolf Schneider: »Keiner vermag die Macht so zu genießen wie der, der sie aus der Ohnmacht gewonnen hat, keiner den Ruhm so wie einer, der einst ausgelacht und angespien wurde.«

Der Sieg beim Comedy-Grand-Prix führte dazu, dass Chris eine Woche später zu *TV Total* eingeladen wurde.

»Ich war dann fünf Mal bei TV Total und es war geil, aber beim sechsten Mal hat es richtig geknallt und ich habe mit #darferdas?

einen Hit gelandet. Aber so etwas kannst du nicht planen. Danach ist auf jeden Fall viel durch die Decke gegangen. Auf einmal trittst du nicht mehr vor 50 Leuten auf, sondern vor 500. Und dann plötzlich auch mal vor 5.000. Ich durfte dann sogar in Kinofilmen mitspielen – da hat sich schon einiges in Bewegung gesetzt.«

Der Schlüssel zu seinem Erfolg liegt in seiner Arbeitsethik, seiner Einstellung und seiner souveränen Art im Umgang mit dem Publikum.

»Es gibt viele Comedians – gerade Newcomer –, die sich hier und da mal nicht nach Arbeit und Auftreten fühlen. Die gehen dann lieber zum Sport oder sagen kurzfristig ab, weil doch etwas anderes dazwischenkommt. Oder sie denken sich: Ich habe auch einen normalen Job und ich muss ja nicht unbedingt auftreten. Und tatsächlich gibt es auch öfter mal Momente, in denen du dir sagst: Jetzt habe ich nicht sonderlich Bock aufzutreten – das gehört einfach dazu. Aber genau hier gilt es, trotzdem auf die Bühne zu gehen. Du musst es schon wollen. Was ich zum Beispiel am meisten hasse, ist, wenn Künstler sagen: ›Ah, heute sind nur 10 Zuschauer da – das gibt es tatsächlich, manchmal sind wir mehr Comedians als Leute im Publikum –, das kann nichts werden; da kann doch nichts gehen.‹ Aber es geht immer! Du musst da rausgehen und versuchen, sie zu knacken. Natürlich klappt das nicht oft, weil es halt einfach nur 10 Leute sind und da kann dann keine so große Stimmung aufkommen, wie bei 1000 Zuschauern. Aber die Eier zu haben, da rauszugehen und es ihnen zeigen zu wollen, macht den Unterschied aus. Ich hatte einfach Bock und habe drauf gebrannt, immer wieder aufzutreten, unterwegs zu sein und auf der Bühne zu stehen.

Man muss nun mal bereit sein, gewisse Dinge in Kauf zu nehmen. Das Reisen zum Beispiel. Da sitzt man halt mal sechs Stunden und mehr für einen Auftritt im Auto. Vor allem zu Beginn, wenn du jeden Auftritt annimmst, niemand deine Termine koordiniert, und du kreuz und quer durch den deutschsprachigen Raum reist, ist das nun mal hart. Aber das musst du machen. Und wenn du dann dranbleibst, hast du vom Kopf her schon einen wichtigen Schritt gemacht.«

Eine ganz zentrale Erkenntnis bestand für Chris dann im folgenden Punkt:

»Der allerwichtigste Schritt, wenn etwas nicht läuft, ist zu sagen: Es liegt an mir. Ich bin nicht lustig. Ich muss besser werden und an mir arbeiten. Nicht: die anderen sind zu doof; die verstehen meinen Humor nicht; die sind Schuld. Du musst für dich sagen können: Ich bin das Problem! Ich habe etwas falsch gemacht. Die Leute sind nur ein Spiegel. Man darf nicht so arrogant sein, zu glauben, man steht über dem Publikum.«

»Woher kommt diese Einstellung, Chris?«

»Man fängt natürlich nicht da an, wo man hinwill. Anfangs gilt es, froh über jeden Aufritt zu sein. Klar hast du das Ziel, vor deutlich mehr Menschen aufzutreten, und das Ziel motiviert dich auch. Aber um dort hinzukommen, musst du einfach vorher alles geben und deine Chancen auch ergreifen. Den schnellen Erfolg über Nacht gibt es nicht. Mein Vorbild Bülent Ceylan war zehn Jahre auf Tour, bevor er den Newcomer-Preis gewonnen hat. Zehn Jahre! Es geht Schritt für Schritt, immer weiter und wenn du dranbleibst, wirst du immer besser. Nur durch Beständigkeit kannst du irgendwann nach oben kommen. Konstant gute Auftritte und harte Arbeit an dir selbst öffnen Türen. Und dann geht es viel darum, sein Glück auch auszureizen. Es gibt ganz viele sehr gute Comedians, die aufhören, weil sie ihr Glück nicht stark genug erzwingen. Je mehr man auftritt, und sich überall blicken lässt, umso höher ist die Chance, dass der Richtige dann auch mal sagt: ›Hier, ich habe einen entdeckt, der unbedingt mal bei dir in der Show auftreten muss.‹

Viele gehen auf die Bühne und haben keinen Spaß und setzen sich selbst unter Druck. Sie glauben, sie müssten die Leute jetzt sofort zum Lachen bringen und verkrampfen. Das Publikum spürt das sofort. Wenn du aber sagst: ›F*** it, ich habe jetzt selbst einfach Spaß‹ und du kommunizierst ganz natürlich mit den Leuten, entsteht eine angenehme Leichtigkeit. Je mehr du auftrittst, umso souveräner wirst du auch. Wenn du Spaß hast, haben die Leute Spaß.

Ich bin einer, der sehr offen mit dem Publikum ist und auch Schwächen zugibt. Wenn ich eine kurze Verschnaufpause brauche, sage ich das ganz offen; wenn ich gerade nicht weiterweiß, sage ich einfach: ›Wisst ihr, wie es weitergeht, ich weiß es nämlich gerade nicht ...‹ Leute spüren, wenn du unsicher bist und wackelst; die riechen Angst. Die fühlen sich dann dadurch auch unwohl. Ich bin mittlerweile – bedingt durch meine vielen Auftritte – einfach super entspannt. Und ich nehme mich selbst auch nicht so ernst. Ich sage den Leuten immer, sie sollen über alle Witze machen und mehr lachen. Dazu gehört auch, über sich selbst Witze machen zu können. Ich verarsche mich zum Beispiel selbst für mein Übergewicht und kann dann mit dem Publikum darüber lachen. Das finde ich eine wichtige Lebenseinstellung.«

Dass es kein Patentrezept für Erfolg gibt, ganz egal in welchem Bereich man sich bewegt, spricht Chris auch so direkt an:

»Ein Erfolgsrezept oder -geheimnis gibt es einfach nicht. Das Einzige, was ich anderen mitgeben kann ist: Mach es nicht, weil andere es von dir erwarten oder andere dich dazu anstacheln. Lass dich von niemandem in etwas reindrängen. Du musst richtig viel Bock drauf haben, sonst kommst du mit schwierigen Phasen nicht klar. Und am wichtigsten: Arbeite immer weiter an dir – nur so kannst du besser werden. Es gibt nicht den einen Weg. Es gibt niemanden, der sagen kann: Mach es so und dann klappt es auf jeden Fall.«

Außerdem will auch jeder etwas anderes im Leben.

»Für mich bedeutet Erfolg zum Beispiel, es zu schaffen, die täglichen Herausforderungen, den Job und alle Anforderungen mit Familie, Partnerin und sozialem Leben unter einen Hut zu bekommen. Wenn man es schafft, einen Job zu machen, der einem verdammt viel Freude bereitet, mit dem man auch überleben kann und gleichzeitig gute Beziehungen führt, das ist schon eine Mammutaufgabe. Wer das hinbekommt, der hat es aus meiner Sicht geschafft.«

MASHA SEDGWICK – DER KOMPROMISSLOSE WEG ZUM ZIEL

Dass aus extrem düsteren und aussichtlosen Lebensabschnitten, Großes entstehen kann, beweist Mode-Bloggerin Masha Sedgwick.

»Mein Blogging-Business hat in der schwierigsten Phase meines Lebens begonnen. Mein Freund – die erste richtig große Liebe – hat sich damals nach drei Jahren von mir getrennt. Mein Herz hat eine Zerreißprobe durchgemacht, alles war dunkel, nichts hat mir große Freude bereitet und irgendwann hatten auch meine Freunde genug von meiner Depri-Phase. Trotzdem musste ich irgendwie loswerden, was mir auf dem Herzen lag. Also habe ich mit dem Schreiben und dem Bloggen begonnen. Ich musste mich einfach aussprechen, weil ich dadurch auch gemerkt habe, dass der Schmerz erträglicher ist. Durch diese Erfahrung hat sich eine große Stärke von mir bilden können, die in meiner Branche sehr wichtig ist: bestechende Offenheit. Mit dem, was ich fühle, denke, was mich in dem Moment bewegt, bin ich sehr transparent umgegangen. Viele Leser konnten meine Gefühle nachempfinden und haben gemerkt: Da draußen gibt es eine Gleichgesinnte. Verletzlichkeit zeigen schafft Verbindung. Es hat die Leute mitgenommen – ich hatte immer meinen eigenen Stil. Das, was ich damals gemacht habe, gab es einfach noch nicht. Es gab zwar Blogs, aber die waren alle ziemlich ähnlich. Mein Stil war immer eher alternativ und das ist er auch heute noch.«

Wer Masha live erlebt, wird das auch direkt so unterschreiben. Sie fällt mit ihrem ausgefallenen Stil sofort auf. Beim Blick auf ihren Internetauftritt sticht das unmittelbar ins Auge: Auf hohe Qualität wird größter Wert gelegt – der Mut, anders zu sein, spiegelt sich in jedem Bild wider.

Im Alter von zwei Jahren ist Masha aus der damaligen UdSSR nach Deutschland gekommen. Ein gewagter Schritt ihrer Mutter, die raus wollte, allerdings keinen blassen Schimmer hatte, worauf sie sich einließ. Nie hatte sie ein Bild von Deutschland gesehen und keinerlei Vorstellung davon, wie die deutsche Sprache klingt. Aber sie war eine Kämpferin und wollte sich durchboxen. Kein Wunder, dass Masha fast ehrfürchtig von ihrer Mutter spricht. Sie ist Mashas großes Vorbild, weil sie immer einen Weg gefunden hat, egal wie widrig die Umstände auch waren. Diesen Ansatz hat sie eins zu eins auf ihre Tochter übertragen. Ein Beispiel: Masha konnte bei der Einschulung kein Deutsch. Die Lehrer meinten, sie solle die erste Klasse deshalb auf jeden Fall wiederholen. Die Reaktion der Mutter: »Das kommt nicht infrage! Meine Tochter geht in vier Jahren aufs Gymnasium, da können Sie sicher sein.« So sollte es dann auch kommen.

Heute ist Masha das Vorzeigemodell einer starken, eigenständigen Frau. Wenn sie ein Ziel vor Augen hat, setzt sie alle Hebel in Bewegung, um es zu erreichen. Als sie den schönsten Blog haben wollte, brachte sie sich eben das Programmieren selbst bei. Vor langen Stunden, intensiven und kräftezehrenden Verhandlungen und enormen Reiseaufwänden schreckt sie nicht zurück. Einen eingeschlagenen Weg verfolgt sie kompromisslos. Über mehrere Jahre hinweg hat sie ausnahmslos 12 bis 14 Stunden am Tag gearbeitet, um an den Punkt zu kommen, an dem sie heute steht: gefragt in der Mode-Branche, monatliche Leserzahlen im sechsstelligen Bereich, lukratives Geschäft.

Sie ist es seit jungen Jahren gewohnt, auf sich allein gestellt zu sein.

»Seit ich 15 oder 16 Jahre alt war, habe ich immer alleine gelebt und war dadurch einfach sehr früh schon sehr eigenständig. Meine Mutter ist in dieser Zeit für ein paar Jahre zurück nach Moskau gegangen und hat sich dort selbstständig gemacht. Nach meinem Abitur in Dortmund kam ein kurzer Abstecher nach Wuppertal, wo ich ein Wirtschaftsstudium begonnen habe. Für Wirtschaft habe ich mich entschieden, weil ich früh wusste, dass ich auch selbstständig arbeiten will.«

Das liegt vielleicht auch an dem »kleinen Autoritätsproblem«, von dem Masha hin und wieder gesprochen hat; ganz nach dem Gedanken von Einstein: »Meine Autoritätsverachtung hat mich selbst zur Autorität gemacht.« Wer Masha kennt, wird vermutlich folgenden Gedanken teilen: »Gut, dass diese Frau selbstständig ist; ich würde ihr nämlich nicht sagen wollen, wie der Hase zu laufen hat.« Es gibt Menschen, die einfach nicht für das Angestelltendasein gemacht sind – und Masha gehört auf jeden Fall dazu.

> »In Wuppertal hatte ich noch keinen konkreten Plan für mein Leben. Ich habe mich zwar immer für Mode interessiert, aber wusste damals einfach noch nicht, wie ich mich damit über Wasser halten soll. Als ich dann mit dem Schreiben angefangen habe, gab es so Berufe wie Blogger noch gar nicht so wirklich – das war unglaublich weit weg. Auch das Internet hat sich noch ziemlich neu angefühlt *(lacht)*. Mein Blog ist zwar relativ schnell gewachsen, aber als jemand zu mir nach 18 Monaten mal meinte: ›Hey, da gibt es jemanden, der verdient Geld mit dem Bloggen‹, konnte ich das gar nicht begreifen. Meine Reaktion war: Wie soll das bitte gehen? Aber ich habe mir auch gedacht: Wenn es jemanden gibt, der das macht, dann kriege ich das wohl auch irgendwie auf die Kette.«

An dieser Stelle kam dann Mashas Ehrgeiz zum Tragen: »Ich hatte auf einmal ein sehr klares Ziel vor Augen. Die Orientierungslosigkeit, die ich nach der Trennung verspürt hatte, war weg. Ich wusste jetzt sehr genau, was ich wollte.« Was passiert, wenn Masha weiß, was sie will, erwähnte ich ja bereits.

> »2010 bin ich dann nach Köln gezogen und habe mich zunehmend auf meinen Blog fokussiert. Ab 2012 war ich an einem Punkt, wo ich nur durch den Blog mehr als das Existenzminimum verdient habe. Zu der Zeit bin ich auch mit meinem neuen Freund nach Berlin gegangen. Ab dann habe ich als Vollzeit-Bloggerin gearbeitet und habe alles Geld, alle Zeit, alles, was ich hatte, in den Blog investiert.«

Das Studium hat sie geschmissen, weil sie sich gesagt hat: »Wenn alle Stricke reißen, kann ich immer noch zurück an die Uni.« Das war insofern leicht riskant, als das Blogging-Business damals noch in den Kinderschuhen steckte.

> »Wir Blogger haben damals so eine Art Pionierarbeit geleistet, haben uns zusammengeschlossen und versucht, gewisse Preise, Regelungen und Standards durchzudrücken. Wir waren schon etwas blauäugig, wussten nicht so recht, welchen Wert unsere Arbeit genau hat, was Suchmaschinenoptimierung ist und wie man damit arbeitet. Heute gibt es Workshops, Coaches und jede Menge Hilfestellung. Jeder hält dir gefühlt die Hand und unterstützt dich. Das war damals – das hört sich jetzt so lange an, aber ist tatsächlich erst vier Jahre her – ganz anders.«

Instagram – war damals noch nicht präsent. Blogger waren verpönt und wurden bei Veranstaltungen meistens gefragt, was sie dort zu suchen hätten. »Heute ist man als Blogger willkommen und stellenweise wird einem sogar der rote Teppich ausgerollt«, hebt Masha den Kontrast hervor. Von den jüngeren und neueren Bloggern wird das laut Masha mittlerweile sogar fast schon erwartet. Sie erklärt aber auch:

»Die mussten einfach nicht Dinge durchboxen wie wir, die schon länger dabei sind, und beanspruchen deshalb auch viel schneller irgendwas für sich. Die können sich kaum vorstellen, was es heißt, wenn man wie Dreck behandelt wird und einem vorgeworfen wird, man leiste keine seriöse Arbeit, obwohl man täglich bis zu 16 Stunden ackert. Menschlich gesehen war das schon sehr hart und es war schwer, sich da durchzubeißen. Aber durch meine Liebe zur Mode hatte ich einen langen Atem. Ich habe schon als junges Mädchen mein gesamtes Geld für Modezeitschriften ausgegeben und wollte etwas in dem Bereich machen. Allerdings habe ich mich lange Zeit nicht für gut, reich und kreativ genug gehalten. Selbst heute würde ich noch sagen: Vielleicht bin ich nicht die Allerbeste in meinem Job, vielleicht auch nicht die Kreativste, aber was ich ohne Zweifel sagen kann, ist: Ich bin mit die Ehrgeizigste, Fleißigste und Beständigste und das zählt oft mehr als jedes Talent der Welt. Durch den Blog habe ich auch gemerkt, dass ich – vielleicht auch bedingt durch meine Herkunft – bereit bin, sehr viel für meine Ziele zu opfern.«

Masha hat sich über Jahre hinweg keine Auszeit genommen, hat jeden Tag neue Inhalte geliefert, konsequent ihr Ding durchgezogen und sich immer wieder gesagt:

»Ich mach das, auch wenn ich mal krank bin, wenn es mir schlecht geht, ich poste jeden Tag neuen Content – ausnahmslos! Es ist völlig egal, welche Umstände herrschen, ob ich zwölf Stunden geflogen bin oder sonst etwas passiert, ich liefere meine Arbeit ab. Jahrelang – jeden Tag. Da gibt es keine Ausreden, kein gar nichts. Ich kenne tatsächlich wenige, die so konsequent sind. Diese Stärke habe ich von meiner Mama, die auch für alles kämpfen musste. Wir hatten nie viel Geld, aber sie hat sich immer für ihr Mädchen eingesetzt und mir ein gutes Leben geboten. Und ich liebe meine Arbeit einfach – auch wenn sie mich manchmal etwas nervt, liebe ich sie trotzdem. Sie ist mir so wichtig und bedeutet mir so viel, dass ich bereit bin, alles dafür zu geben.«

An dieser Stelle müssen wir unser Gespräch kurz unterbrechen, weil Masha sichtlich gerührt ist und erst einmal durchatmen muss.

»Wie kann ich mir denn heute dein Leben vorstellen?«

> »Reisen gehört zum gängigen Programm eines Bloggers, vor allem im Modebereich. Fashion-Week hier, ein Projekt da – da komme ich schon sehr viel rum. Einen typischen Blogger-Alltag gibt es nicht. Viel kommt spontan dazwischen. Das Coole ist: Es ist unglaublich abwechslungsreich. Der Blog hat mir ermöglicht, in so viele Bereiche reinzuschnuppern und so viel Neues ausprobieren zu dürfen – vom Hörbuchsprecher über Videokampagnen und Werbespots bis hin zu ganz vielen spannenden Begegnungen. Man darf aber auch nicht vergessen, wie schnelllebig die Branche ist. Wo ich mich zum Beispiel in fünf Jahren sehe, ist ganz schwer zu beantworten in meinem Bereich, weil sich einfach so viel in so kurzer Zeit tut. Leute sehen sich auch schnell satt an einem und suchen was Neues.«

Alle jungen Überflieger tragen eine gewisse Verantwortung, da sie oft eine Vorbildrolle einnehmen. Masha drückt das so aus:

> »Wie in den meisten Berufen muss man sich sehr stark seiner Vorbildfunktion bewusst sein. Viele machen einfach das, worauf sie Bock haben, ohne zu fragen: Welches Licht wirft das eigentlich auf mich? Ich will den Leuten einen Denkanstoß geben, eine Kleinigkeit bewirken. Ich will nicht nur Mode-Bloggerin sein, sondern auch meiner Vorbildfunktion gerecht werden. Ich ruhe mich nie auf meinen Lorbeeren aus, sondern schaue immer, was kann ich neu machen, was kann ich besser machen, was macht niemand anders. Das spornt mich sehr an und ich freue mich jeden Tag drauf, was Neues an meinem Blog zu machen. Mein Style ist besonders, weil ich mich bewusst aus den gängigsten Trends raushalte und nicht auf jeden Zug aufspringe. Ich fahre eine klare Linie und meine Leser und Follower wissen das zu schätzen.«

»Blogs gibt es doch wie Sand am Meer – wie schaffe ich es, trotzdem Aufmerksamkeit zu bekommen, ohne mich selbst zu verkaufen oder ohne auszusehen wie Heidi Klum?«

»Um in meinem Bereich erfolgreich zu sein, muss man eine Nische für sich finden und etwas machen, das einen klar absetzt. Die Leute wollen nicht zigtausend Mal dasselbe sehen. Natürlich gefalle ich dann nicht jedem; stellenweise kriege ich sogar vernichtende Mails, die schon weit unter die Gürtellinie gehen. Das ist anfangs verletzend, aber ich habe gemerkt: Je mehr positive Aufmerksamkeit ich bekomme, umso mehr kommen auch mal hasserfüllte Botschaften. Wer auch nur leicht polarisiert, der weiß, dass das normal ist. Wenn du aus der Masse rausstechen willst, dann stell dir die Frage: Was setzt mich ab? Und wofür brenne ich mehr als alle anderen?«

»Was bedeutet Erfolg für dich?«

»Erfolg hängt für mich mit innerer Zufriedenheit und gleichzeitig auch mit der Fähigkeit, immer Ziele und Träume zu haben, zusammen. Ein erfolgreicher Mensch ist für mich jemand, der mit sich selbst und seinem Lebenswerk zufrieden ist und auch weiß, dass es noch etwas gibt, das er erreichen kann – dass der Antrieb nie verloren geht. Man merkt es, wenn man in der Aura einer erfolgreichen Person ist. Erfolg hat für mich nichts mit materiellen Dingen zu tun. Erfolgreiche Menschen sind darüber erhaben. Es ist für mich die Ausstrahlung, woran man merkt, dass jemand erfolgreich ist.«

Ein letzter Tipp von Masha:

»Wenn man einen Traum hat, ein klares Ziel, das man erreichen möchte, ist es wichtig, sich frei zu machen von all denen, die versuchen, einem diesen Traum auszureden und einem erzählen wol-

> len, man kann es nicht, man ist zu jung dafür oder man soll erst einmal etwas Gescheites machen, bevor man irgendwelchen Hirngespinsten nachjagt. In der heutigen Zeit gibt es kein ›zu jung‹, ›zu alt‹ oder sonst etwas – es gibt ein Jetzt. Und dieses Jetzt darf genutzt werden; jetzt anfangen und nicht morgen oder übermorgen und auch nicht erst, wenn ich dies und jenes gemacht habe, denn dann ist es tatsächlich irgendwann mal zu spät. Dann wurde nur geträumt. Wenn du die Möglichkeit und den Willen hast, jetzt etwas zu machen und anzupacken: Mach es! Hör nicht auf Menschen, die sagen, es ist falsch oder dumm. Lass dir nichts von Leuten einreden, die es selbst nicht wagen, aktiv zu werden und ihren Traum nie zu leben beginnen – vor allem wenn du jung bist, noch keine Familie und keine riesige Verantwortung hast. Nur du selbst kannst dich davon abhalten, etwas Sinnvolles zu machen. Das ist alles.«

Wer so lebt, wird einmal wie Edward Snowden sagen können: »Die größte Freiheit habe ich dadurch gewonnen, dass ich mir keine Sorgen mehr um morgen machen muss, weil ich weiß, dass ich heute das Richtige getan habe.«

ANDREAS KUNZE – NICHT TRÄUMEN, SONDERN HANDELN

Traum und Realität könnten in einigen Fällen nicht weiter voneinander entfernt liegen. Träumen, ohne zu handeln (sowie gar nicht mehr zu träumen), ist fast schon zu einer Gesellschaftsseuche geworden. Viele reden von ihren großen Plänen und Visionen, aber lassen ihren Worten keine Taten folgen. Groß zu träumen ist nicht dasselbe wie groß zu denken, groß zu planen und vor allem groß zu handeln. Erfahrung mit Letzterem hat der Münchner Jungunternehmer Andreas Kunze. Laut der *Süddeutschen Zeitung* ist er der Mann, der die Deutsche Bahn pünktlicher machen wird.

Andreas' Vater ist Beamter, die Mutter Buchhalterin – sie weiß nichts von den Summen, die Andreas in seine Firma Konux gesteckt hat. Sein Abitur war mittelmäßig, doch da die TU München Wert auf ein persönliches Gespräch legte, klappte es doch noch gerade so mit dem Platz im Studiengang Informationssysteme. Im ersten Semester war Andreas direkt Semestersprecher und nach dem zweiten Semester fing er an, nebenbei bei BMW zu arbeiten, wo er sich durchaus eine Zukunft vorstellen konnte. Sein Schicksal hatte jedoch andere Pläne.

> »Bei einer Geburtstagsfeier bin ich Andy Bechtolsheim[1] begegnet und habe mit ihm über Datenbankstrukturen gesprochen und ihm erzählt, was ich in der Uni mache und dass ich bei BMW arbeite. Irgendwann meinte er dann, ich müsse auf jeden Fall ins Silicon Valley kommen. Er hat vermutlich sofort gemerkt, dass das für mich doch leicht überraschend kam und hat deswegen auch gleich gesagt, ich solle mir keine großen Sorgen machen. Also bin ich rübergeflogen und habe mir das alles mal angesehen. Da waren sehr viele Leute, gerade in der Gegend um Stanford, die nicht älter waren als ich, aber bereits eigene Firmen hatten – und das fand ich schon krass beeindruckend. Aber ich habe mir auch gesagt: Wenn die das alle können, kriege ich das auch geschaukelt. Fachlich war kein Riesenunterschied zwischen denen und mir, sie hatten nur viel mehr Selbstbewusstsein.«

Der Ausflug ins Valley veränderte für Andreas vieles. »Nach dem Trip in die USA hatte ich zwei klare Ziele: in Stanford studieren, weil ich die Uni schon ziemlich magisch fand, und langfristig eine eigene Firma aufbauen.« Daraufhin bewarb Andreas sich bei einem Stipendiaten-Programm, das über 18 Monate lief.

> »Wir haben da unter anderem verschiedene Innovationsprojekte gemacht. Dort habe ich auch meinen Mitgründer Dennis kennen-

1 Ein milliardenschwerer Unternehmer und einer der ersten Google-Investoren

gelernt. Und über ein Businessplan-Projekt habe ich Vlad kennengelernt, der ebenfalls Mitgründer ist. Während dieser Zeit habe ich intensiv darauf hingearbeitet, nach Stanford zu kommen, weil einer der 20 Stipendiaten dort einen Platz für die Master-Arbeit kriegen sollte.«

Doch die Idee, eine eigene Firma zu gründen, ließ ihn nicht mehr los.

»Als ich dann wusste, dass es mit Stanford klappt, haben wir parallel auch mit Konux begonnen. Bis ich nach Stanford sollte, war es noch ein gutes Dreivierteljahr und in der Zeit hat sich mit Konux einiges entwickelt. Konux kommt aus dem Griechischen und setzt sich zusammen aus Kegel und Licht: Wir haben uns zu Beginn mit optischer Messtechnik beschäftigt und nach dem Bau von Prototypen festgestellt, dass sich der Sensormarkt durch das ganze Thema Industrie 4.0 und Digitalisierung verändern wird und der Markt einfach verdammt groß ist.«

Als es für Andreas nach Stanford ging, wurde sein Partner Vlad in Berkeley angenommen. Zwei deutsche fleißige Studenten? Eher weniger:

»Wir haben fast nur an Konux weitergearbeitet und haben es dann sein lassen mit den Master-Arbeiten. Der Punkt, an dem wir beide gesagt haben ›Ok, wir hören auf‹ war, als Michael Baum[2] uns ein Term-Sheet über zwei Millionen Dollar geschrieben hat. Da haben wir für den Bruchteil einer Sekunde abgewägt: Firma oder Studium? Dann war aber sofort klar: Firma. Ich habe diese Entscheidung auch nie bereut. Die Abwicklung hat sich zwar noch etwas gezogen, aber im Februar 2015 haben wir dann damit begonnen, Mitarbeiter anzustellen und das Unternehmen immer größer aufzuziehen.«

2 Ein Investor, der jetzt auch im Konux-Vorstand sitzt

In der ersten Finanzierungsrunde hat Andreas mit Konux zwei Millionen eingesammelt; in der nächsten Finanzierungsrunde waren es dann 7,5 Millionen. »Ich bin in der ersten Runde mit einer hohen Summe an Eigenkapitel reingegangen, obwohl das nicht zwingend notwendig gewesen wäre«, erinnert er sich zurück. »Es ging für mich um Folgendes: Wenn ich selber Geld drin habe und weiß, dass ich das nicht verlieren darf, weil ich sonst ein massives Problem habe, treibt einen das einfach anders an und es killt das eigene Ego.«

Statt einem Tagebuch führt Andreas ein Learning-Buch. Er hält jeden Tag fest, was er hätte besser machen können, wo sich ein Fehler eingeschlichen hat, was daraus resultierte und welche Schlüsse er daraus für sich zieht. Diesen Ansatz hat er in sein gesamtes Unternehmen übertragen. »Wir pflegen hier eine Direct-Feedback-Kultur. Der Hintergedanke dabei ist, dass du durch konstruktives direktes Feedback zehn Mal besser wirst, als durch ausschließlich positives Feedback und viel Lob. Wir sind hier sehr offen untereinander und verübeln uns das nicht gegenseitig.«

Sein Selbstbewusstsein und seine Überzeugung, eine Firma erfolgreich aufbauen zu können, kamen durch den amerikanischen Einfluss. Da er gesehen hatte, was möglich war und wie es andere beflügelte, wenn man etwas »bolder«, also kühner auftrat, übernahm Andreas ein ähnliches Verhalten.

> »Wenn du dann auch noch an die Sache glaubst, ist die Wahrscheinlichkeit, dass die Dinge auch so passieren, definitiv höher. Für uns in der Firma gilt es, die Messlatte immer höher zu stecken, auch wenn es zwischenzeitlich eine Qual ist: Das Ergebnis ist größer, weil wir in unserem Denken und dadurch auch in unserem Handeln größer werden.«

Das macht er am Beispiel Fundraising fest: »Ob ich 500.000 oder zwei Millionen eintreiben möchte – es ist beides sauschwer, aber ich stecke mir immer das höhere Ziel und erreiche es dann oft auch, obwohl ich vorher nicht immer genau weiß, wie ich es machen werde.« Trotz dieser selbstsicheren Aussage fügt Andreas noch hinzu:

> »Fundraising-Zeiten waren schon auch Zeiten, in denen ich stellenweise nicht viel Licht gesehen habe. Solche Phasen fordern einfach Charakterstärke, konsequentes Machen und ein starkes Team. Wenn du mal etwas nicht erreichst, wovon dein Team abhängt, das tut schon weh. Da schaust du dich phasenweise auch mal nicht so gerne im Spiegel an. Aber auch da kommst du wieder raus – die Vision ist ja klar, wir wissen alle, wofür wir es machen, und das führt zu einer Beständigkeit, die man sich von außen kaum vorstellen kann.«

Sein Arbeitsverhalten dürfte unter anderem ausschlaggebend dafür sein, dass die meisten Ziele trotz allem erreicht werden.

> »Ich arbeite eigentlich ausnahmslos bis 23 Uhr, sechs mal die Woche, mache zwei Mal die Woche Sport und meditiere vier Mal – das gibt mir viel Energie und meine wenigen Freiräume gehören dann der Partnerin. Wenn ich in den USA bin, ist es natürlich noch heftiger wegen der Zeitverschiebung. Wenn es dort 23 Uhr ist, fangen die Leute in Deutschland schon wieder an zu arbeiten, da sind schon immer mal ein paar richtig lange Schichten dabei.«

Ähnlich wie bei Masha ist es für Andreas fundamental, sich darüber bewusst zu sein, wo die eigenen Stärken und Schwächen liegen. Bei Unternehmen ist es nämlich besonders wichtig, dass der Fokus aller Angestellten auf die eigenen Stärken gerichtet wird und jemand anders im Team mitarbeitet, der dort Stärken hat, wo andere ihre Schwächen haben.

> »Meine größte Gabe besteht wahrscheinlich darin, die richtigen Leute zusammenzubringen. Unser Unternehmen ist deshalb so stark, weil wir drei Gründer zwar weniger Anteile in der Firma halten als die Mitarbeiter, dafür aber eine unglaubliche Motivati-

on in unseren Räumen herrscht und die Mitarbeiter ohne mit der Wimper zu zucken noch eine Schippe drauflegen. Wenn du etwas Großes aufbauen willst, brauchst du einfach verdammt gute Leute. Und diese Leute müssen genauso motiviert sein wie du und nicht nach 40 Stunden in einer Woche sagen: ›Ok, das war's, jetzt gehe ich ins Wochenende.‹ Die Leute hier leben das, was wir tun. Letztens, als wir neue Systeme ausgerollt haben, ist hier einer erst um 5 Uhr morgens nach Hause gegangen. Das zeigt mir: Wir machen das, was nötig ist, um dort hinzukommen, wo wir hinwollen. Da gibt es keine Ausreden. Wir zahlen den Preis, weil wir etwas Geniales aufbauen wollen und an den Mehrwert unserer Arbeit glauben. Die Leute sind einfach krass motiviert und das macht einen selbst glücklich, obwohl man weiß, dass man noch tausend Herausforderungen vor sich hat. Es ist eine Kunst, sich immer wieder Leute ins Team zu holen, die motiviert sind und viel mehr wissen als du.«

Der Gedanke erinnert an Andrew Carnegie, der sich auf den Grabstein schreiben ließ: »Hier liegt ein Mann, der es verstanden hat, fähigere Leute, als er es selbst war, in seinen Dienst zu stellen.«

»Das klassisch Hierarchische gibt es bei uns nicht. Jeder Mitarbeiter hat eigene Ziele und diese Ziele stehen in direktem Zusammenhang mit den Zielen der Firma«, erklärt Andreas. »Das heißt: Du weißt genau, warum du was machst und wie das zum großen Ganzen beiträgt. Klar ist aber auch: Der Weg zum Ziel verändert sich bei jeder großen Firma auch mal. Teslas genialer Plan stand nicht von Anfang an so, wie er heute steht. Googles erste Marketingkampagne bestand darin, Kondome an Studenten zu verteilen, auf denen Google stand.«

Was für Andreas letztlich zählt, ist:

»Es ist einfach inspirierend, was wir hier machen. Wir haben über 50 Mitarbeiter und die brennen für das, was sie tun. Einer hat sei-

> nen Job bei McKinsey aufgegeben, um hier sein zu können. Andere haben Kinder zu Hause, aber alle haben Spaß an dem, was sie tun, weil sie merken: Hier können sie etwas verändern. Und genau darum geht es uns. Wir wollen durch unser Schaffen erreichen, dass etwas in der Welt besser wird. Das treibt extrem an und führt dazu, dass wir hier Tag für Tag hart arbeiten. Beharrlichkeit ist nun einmal der Schlüssel. So bin ich auch gestrickt: Ich glaube, ich muss immer etwas tun. Auch wenn wir einen erfolgreichen Börsengang hinlegen sollten, nichts tun kann ich nicht. Es gibt noch so viel, was man verändern kann, gerade hier in Deutschland – da will ich dabei sein.«

Zu diesem Kapitel und Andreas' Gedanken passt der Tipp des milliardenschweren chinesischen Unternehmers und Philanthropen Jack Ma, den er gerne Unternehmern mit auf den Weg gibt: »Gebt niemals auf. Heute ist grausam, morgen wird es noch schlimmer. Aber übermorgen wird die Sonne scheinen.«

SOPHIA THIEL – AUF DEN EIGENEN KÖRPER HÖREN

Bekannt wurde Sophia Thiel durch ein klassisches »Vorher-Nachher-Bild«, das ihre körperliche Transformation betont. Über 80 Kilo brachte sie während der Schulzeit auf die Waage. Nicht einmal ein Jahr später bereitete sie sich durch gezieltes Krafttraining und mit knapp einem Drittel weniger Körpergewicht für die deutschen Meisterschaften im Bodybuilding vor. Begleitet wurde diese Entwicklung von einem Fernsehteam von *Galileo*, das Sophias Alltag und Trainingsgewohnheiten in deutsche Wohnzimmer ausstrahlte.

Heute gilt Sophia aufgrund ihrer vielen Follower auf diversen Social-Media-Kanälen als eine der gefragtesten Influencerinnen Deutschlands, hat eigene Fitness- und Ernährungsprogramme erstellt und mit Bodybuilding-Legenden wie Arnold Schwarzenegger trainiert. Sie richtet ihren Fokus mittlerweile vorrangig darauf, anderen Menschen zu helfen, eine ähnliche körperliche Transformation zu bewältigen, mit dem klaren Ziel, sich im eigenen Körper wohlzufühlen. »Es muss natürlich nicht jeder Bodybuilding machen, sein Essen vorkochen und an Wettbewerben teilnehmen. Das Wichtigste ist, sich gut und zufrieden in der eigenen Haut zu fühlen und nicht ständig auf andere zu schielen«, sagt die 22-Jährige. Welchen Effekt Sophia als positives Beispiel durch ihre eigene Geschichte erzielt, lässt sich an Hunderten von Menschen festmachen, die durch ihre Hilfe ähnliche »Vorher-Nachher-Bilder« von sich knipsen konnten.

Trotz ihrer beeindruckenden Erfolgsgeschichte und der damit verbundenen Aufmerksamkeit lebt sie weiterhin bescheiden in einem kleinen Dorf südlich von Rosenheim, ist von 6 bis 22 Uhr auf Achse und interagiert täglich mit ihrer Community. Ihr Freund, der sie während der gemeinsamen Schulzeit zum Krafttraining brachte und seitdem an ihrer Seite ist, meint, dass Sophias größte Stärke darin besteht, sich den Erfolg nicht zu Kopf steigen zu lassen. Sie sei immer noch so wie früher und könne durch nichts aus ihren Grundfesten gehebelt werden.

Getroffen haben wir uns in ihrer Heimat und gleich zu Beginn des Gesprächs merkt sie lachend an, dass sie immer ein Landei bleiben werde: »Ich liebe die Natur und die Ruhe einfach und fühle mich etwas ab vom Schuss super wohl.« Auch die gute, aber deftige, bayerische Kost hat Sophia früh zu lieben gelernt. »Hier auf dem Land stehen alle relativ gut im Futter, sag ich mal. In meiner Familie wurde immer gerne gegessen, aber ich war von früh auf die Kernigste – die Kampfmatrone. Wenn man klein ist, stört das aber niemanden wirklich.«

Erst im Teenageralter hatte Sophia mit ihrer Figur zu kämpfen:

> »Es kam der Punkt, an dem habe ich mich so unwohl in meinem Körper gefühlt, war so träge und unfit, habe kaum Sport gemacht und dachte mir: ›Das bin doch nicht ich.‹ Ich wollte da um jeden

> Preis raus und habe mir auch geschworen, alles dafür in Kauf zu nehmen. Die Kommentare, die stellenweise ganz beiläufig aus meinem Umfeld oder von anderen Menschen kamen, haben mich so zerstört und niedergemacht, dass ich mich gezwungen sah, Verantwortung zu übernehmen und etwas zu ändern. Ich wollte abnehmen, schlank sein und mich auch mal im Bikini zeigen können, ohne hören zu müssen: ›Schau mal die Dicke.‹ Ich habe alle möglichen Diäten getestet, war leicht beeinflussbar und offen für jede Hand, die mir hingestreckt wurde. Ich wurde aber leider oft geblendet, habe einiges versucht, hatte keinen Erfolg und war danach noch frustrierter als vorher.«

Gefangen in den Idealen, die durch Models, Medien und Werbung verkörpert beziehungsweise verkauft werden, fühlte sich Sophia immer hilfloser.

> »Ich habe zwar durch einige Ansätze Gewicht verloren, wusste aber, es kann nicht richtig sein, weil ich mich immer so schwach und schlimm gefühlt habe. Meine Noten wurden richtig schlecht, ich war ein emotionales Wrack und habe auf jeglichen Genuss verzichtet, weil ich dachte, nur so kann ich mich meinem Traumkörper annähern.«

Das Schlüsselerlebnis kam, als Sophia ihren Freund kennenlernte und durch ihn mit dem Kraftsport begann.

> »Er war immer sehr schmächtig, ich kannte ihn nur vom Sehen und irgendwann war er plötzlich ein ziemlicher Schrank. Da habe ich ihn gefragt: ›Was hast du denn gemacht und kannst du mir helfen, genau das Gegenteil zu schaffen?‹ Als er von Bodybuilding sprach, war ich erst total abgeschreckt.«

Sophias Bild vom Bodybuilding war damals: Frauen werden dadurch zu Männern und äußerst unattraktiv. Aber weil sie meinte, nichts zu verlieren zu haben, ging sie mit ihm ins Fitnessstudio – und das sollte diesmal endlich fruchten.

> »Da ich schon immer eine etwas Brachiale war, gerne Armdrücken gemacht habe und so Spiele, in denen es um Stärke ging, hat mich auch der Kraftsport sofort angesprochen. Nach dem Training habe ich jeden Muskel gespürt und ich hatte zum ersten Mal das Gefühl, meinen Körper wirklich so formen zu können, wie ich es wollte. Durch das Training habe ich relativ schnell gemerkt, dass ich Fortschritte mache und mein Körper sich tatsächlich verändert. Und dann war ich gepackt und wollte unbedingt mehr. Ich wollte es wirklich ausreizen und habe mich immer intensiver mit der Materie auseinandergesetzt.«

Der erste Schritt, ein kleiner Erfolg reicht oft aus, um aus einem Fünkchen Hoffnung ein inneres Feuer zu entfachen. Es gibt zu diesem Gedanken eine schöne Anekdote über Gunder Hägg, einen der bekanntesten schwedischen Athleten, der in den 1940er Jahren satte 15 Weltrekorde aufgestellt hat. Er ist im Norden von Schweden aufgewachsen und von Kindesbeinen an gerne im Wald mit seinem Vater gejoggt. Als er ein Teenager war, fragten sich die beiden, wie schnell er wohl laufen könne. Sie legten eine Strecke von etwa 1500 Metern fest und der Vater stoppte die Zeit. Nach dem Lauf sagte der Vater zu Gunder, er habe 4 Minuten 50 Sekunden für die Strecke gebraucht – eine herausragende Zeit für eine solche Waldstrecke. Gunder gewann durch dieses Erfolgserlebnis den Glauben, eine große Läuferkarriere vor sich zu haben, und begann, seriöser und härter zu trainieren. Was der eigene Glaube bewirken kann, haben wir ja bereits in Kapitel 4 gesehen. Die Pointe der Geschichte ist jedoch, dass Gunders erstes Erfolgserlebnis gar kein Erfolg war. Denn auf der Uhr standen 5 Minuten und 50 Sekunden. Der Vater hatte Angst, es könnte Gunder entmutigen, wenn er ihm die Wahrheit sagen würde, und ließ ihn deswegen in dem Glauben, er sei besser, als er es tatsächlich war. Etwas in einem Menschen zu sehen, was er selbst noch nicht zu sehen vermag, führt dazu, dass dieser zunehmend entsprechend handelt. Sophias Freund hat Ähnliches für sie getan, indem er früh Potenziale in ihr erkannte und sie das spüren ließ.

Bei Sophia war es insofern anders als bei Gunder, als sie ihre ersten Fortschritte im Spiegel direkt wahrnehmen konnte und dadurch den enormen Motivationsschub erhielt, ohne den vermutlich Millionen von Menschen nicht durch ihre Geschichte inspiriert worden wären. »Mein Freund und ich haben dann beschlossen, dass es sinnvoll sein könnte, wenn ich an Wettkämpfen in der Bikini-Klasse teilnehme.« Sophia sollte also auf einer Bühne im Bikini stehen und ihren Körper zeigen. Den Körper, den sie vor nicht einmal ein Jahr verstecken wollte, weil sie sich so unwohl fühlte.

> »Ich hatte auf einmal ein klares Ziel vor Augen, auf das ich hinarbeiten konnte. Dafür habe ich meine Ernährung konsequent umgestellt, habe sportgerecht gegessen, viele Mahlzeiten vorgekocht und alles konsequent umgesetzt. Meine erste Wettkampfsaison verlief zum Glück sehr erfolgreich.«

Ihr Trainer, der ehemalige Bodybuilding-Vize-Weltmeister Ercan Demir, war ihr dabei eine große Hilfe.

> »Als ich seinen Dokumentarfilm *Pumping Ercan* gesehen habe, hatte ich Tränen in den Augen und wusste, ich muss ihn unbedingt mal treffen. Wir waren sofort auf einer Wellenlänge – eigentlich ganz komisch, weil wir total unterschiedlich sind. Ich war damals eine 19-jährige Blondine und er ein türkischer Mann Mitte vierzig. Wir haben uns auf Anhieb auf einer freundschaftlichen Ebene verstanden und sind Trainingspartner geworden. Er war dann auch mein Coach und hat mich auf meine Wettkämpfe vorbereitet.«

»Was macht für dich einen guten Trainer aus und wie hat Ercan dich weitergebracht?«

»Vertrauen und dass man sich auch auf privater Ebene versteht. Denn vor allem wenn man sich auf einen Wettkampf vorbereitet, braucht man emotionalen Halt. Die Diät ist auszehrend und man sieht sich selbst auch anders, als es ein Außenstehender tut – da braucht man ein objektives Paar Augen, dem man blind vertrauen kann. Und die Erfahrung: Ercan hat schon alles erlebt und kennt sich aus wie kein Zweiter. Ich wusste, er kann mich weiterbringen, und das hat sich auch im Training gezeigt. Sein Ansatz war: Viel bringt auch viel – auch Volumentraining genannt. Wir haben bis zum Muskelversagen trainiert, immer verschiedene Muskelgruppen. Das hat mich extrem gefordert und dadurch wurde mein Körper auch immer anpassungsfähiger und zäher. Ercan hat es geschafft, dass das Training trotz der Anstrengung auch Spaß gemacht hat.«

»Wie bist du denn dann vom Bodybuilding zu den sozialen Medien gekommen?«

»Ich habe zu der Zeit – mit den Wettkämpfen und Ercan – mit Social Media begonnen und schnell gemerkt, dass es gut ankommt. Kraftsport und Mädchen war vor allem in Deutschland noch nicht wirklich präsent, ich hatte also eine gute Nische für mich gefunden und dadurch viele Menschen angesprochen. Und ich habe einen kleinen Gegenpol des damals vorherrschenden Modelwahns geschaffen: Es muss nicht jeder groß, schlank und megahübsch sein. Ich habe gezeigt, dass man für einen athletischen Körper einiges essen und sich nicht in seine Traumfigur hungern muss.«

»Für mich war die Kombination aus Sport und viel Essen eine Traumvorstellung«, sagt sie schmunzelnd. »Über Youtube habe ich meine Trainingsgewohnheiten, meine Tipps und Tricks, meine Ernährung und meinen Werdegang geteilt.« Das Video von Sophias Geschichte hat mittlerweile mehr als 4,5 Millionen Klicks und durch ihren Kanal wurde, wie schon erwähnt, das Fernsehen auf Sophia aufmerksam.

> »Dadurch kam der Stein dann ins Rollen. Das ist echt eingeschlagen. Von außen wirkt es ja immer so, als würde man über Social Media nur ab und zu ein Bild hochladen und ein Video machen, aber ich habe schnell gemerkt, dass das ein Fulltime-Job ist, der viel Ausdauer erfordert. Je größer das wird, umso mehr Arbeit und Verantwortung hat man auch, vor allem weil der Fokus sich mehr und mehr von mir und meinem Körper auf den Körper und die Bedürfnisse anderer übertragen hat. Mein E-Mail-Postfach ist übergequollen. Ich habe mehr als 10.000 E-Mails von Menschen erhalten, die auch abnehmen und sich wohler in ihrem Körper fühlen wollten. Ich muss gestehen: Alles unter einen Hut zu bringen, ist eine Herkulesaufgabe für mich. Ohne meinen Freund wäre das undenkbar.«

»Du hast es ja immer wieder probiert, hast Rückschläge erlitten und es trotzdem aufs Neue versucht. Wieso? Warst du nicht so gefrustet, dass du den Sinn darin nicht mehr gesehen hast?«

> »Ich hatte wirklich viele Anläufe. Nichts hat von 0 auf 100 geklappt, aber ich glaube, das ist auch gut so, weil man sonst eine falsche Vorstellung von der eigenen Entwicklungskurve kriegt. Es geht mal auf und mal ab, aber solange man sich in die richtige Richtung bewegt und sein Ziel nicht aus den Augen verliert, bleibt man auch dran. Es war ein Prozess bei mir – aber trotz einiger Rückschläge ging die Entwicklung stets in die richtige Richtung. Ich habe mit kleinen Dingen begonnen, dafür umso konsequenter. Egal bei welchem Wetter bin ich zum Beispiel mit dem Fahrrad und nicht mehr mit dem Bus in die Schule gefahren. Beim Pausenverkauf habe ich nicht mehr das Schoko-Croissants, sondern die Vollkorn-Frischkäse-Semmel gekauft. Und dann habe ich auf meinen Körper gehört und getestet, wie ich mich fühle, wenn ich Dinge anders mache.«

Um diese Konsequenz und Beständigkeit an den Tag legen zu können, bediente sich Sophia der Macht von Gewohnheiten und Routinen. »Automatismen einspielen macht einiges leichter«, verrät sie. Viel hängt für sie dabei auch mit der eigenen Wahrnehmung zusammen.

> »Es ist nichts Schlimmes, dass man anfangs viel hinfällt und wieder aufstehen muss. Es gibt keinen heiligen Moment, in dem der heilige Geist in einen fährt und man für immer diszipliniert und fleißig sein wird. Auch Gewohnheiten und Routinen können mal einbrechen; es gibt Phasen, da tut man sich schwerer, konsequent und beständig zu sein. Ich sehe das aber nicht als Rückschritt, sondern als Seitenschritt, der dazu dienen kann, alles kurz von außen zu betrachten und dann wieder mit Vollgas einzusteigen. Man darf nicht zu zwanghaft sein. Im Leben geht es nie nur senkrecht nach oben. Wenn man etwas aus Zwang macht, zu verbissen ist und gar keine Freude hat, wird man auch nicht dabei bleiben.«

Dass es phasenweise sehr herausfordernd für sie war, will Sophia gar nicht herunterspielen, sagt aber auch:

> »Ich wusste immer: Das Schlimmste, was ich tun kann, ist aufzuhören und mich wieder gehenzulassen. Auch wenn man mal Fehler macht, ist ja Bewegung drin, wenn man an etwas arbeitet. Ich hatte immer kleine Etappenziele, auf die ich hingearbeitet habe, und selbst wenn ich mal eins verfehlt habe, wusste ich: Ich darf nicht aufgeben, sonst gehe ich wieder rückwärts.«

Jedem, der Probleme mit dem Durchhaltevermögen hat, empfiehlt Sophia ein ähnliches Vorgehen wie Paula Schwarz mit dem kalten Wasser: »Sich auf das Gefühl nach dem Training zu konzentrieren, weil das ist das coolste Gefühl überhaupt – da fühlt man sich eins mit seinem Körper. Es ist oft nur der eine unangenehme Moment, in dem man sich überwinden muss.«

Als ich wissen will, ob es etwas an ihrer Arbeit gebe, das ihr gar keinen Spaß mache, muss Sophia zum ersten Mal etwas länger überlegen und antwortet schließlich:

> »Nein, eigentlich nicht. Ich stehe nur oft so unter Strom, dass ich mich schwer tue runterzukommen und von früher bin ich immer noch eine Stressesserin *(lacht)*. Und die Arbeit wird immer mehr, ohne dass sich unsere Strukturen schon merklich verbessert haben. Daran arbeiten mein Freund und ich gerade. Die Kunst, trotzdem alles zu schaffen, ist sauberes Zeitmanagement, an den Abläufen zu arbeiten und zuverlässige Leute, die einen bei manchen Dingen unterstützen.«

»Wie gehst du denn mit negativer Kritik und vernichtenden Kommentaren um?«

> »Man kann es nie allen Leuten recht machen, es gibt immer Menschen, die etwas finden, das ihnen missfällt. Einen wirklichen Shitstorm hatte ich zum Glück noch nie. Aber ich mache das, was ich tue, ja auch um anderen zu helfen und stelle kostenfreie Tipps zur Verfügung und das spiegelt sich im Großteil der Reaktionen wider. Sich mit den wenigen aufzuhalten, die gegen einen schießen und haten wollen, halte ich für unnütz – das bringt nichts. Das Schlimmste, was man bei Hatern und negativen Kommentaren machen kann, ist, darauf eingehen und sich davon runterziehen zu lassen.«

»Wie geht es dir eigentlich mit dieser krassen Entwicklung? Du hast erst vor drei Jahren angefangen und dir in dieser Zeit schon so viel aufgebaut. Millionen von Menschen kennen dich und mit 22 Jahren stehst du ja erst Anfang.«

> »Ich hatte das ja nie wirklich so geplant und wurde davon schon ein wenig überrumpelt. In vieles bin ich reingewachsen. An-

fangs wollte ich nur abnehmen und dann war ich vom Kraftsport gefesselt. Dann habe ich mit Social Media begonnen und gemerkt, wie viele Leute ich damit erreichen kann. Dann habe ich angefangen, meine Ziele umzustrukturieren. Aber als ich zum Beispiel mit Youtube begonnen habe und mit meinen Eltern darüber gesprochen habe, war ihre Reaktion nur: ›Was machst du? Youtube? Ein paar Videos hochladen? Du spinnst doch! Und deswegen verzichtest du auf dein Studium?‹ Meine Eltern wollten nämlich, dass ich Zahnärztin werde und hatten Angst, dass ich plötzlich nur noch rumliege und faulenze und ab und zu ein Video mache. Aber seitdem sie gemerkt haben, was ich damit bewirken kann, finden sie es klasse. Ich freue mich über die Entwicklung, mache deshalb aber nicht groß etwas anders. Dass mich hier und da Leute erkennen, freut mich natürlich, weil mir das verdeutlicht, was für eine Beziehung ich zu den Menschen aufbaue. Oft sagen mir die Leute, es fühlt sich an, als würden sie mich schon seit Jahren kennen, weil ich so persönlich mit ihnen kommuniziere.«

»Was würdest du sagen, was dich besonders ausmacht? Es gibt so viele Menschen, die ein großes Following aufbauen wollen und als Influencer leben möchten.«

»Ich bin sehr natürlich. Egal ob ich gerade ein Hoch oder ein Tief durchmache, ich teile fast alles und bin sehr transparent. Ich kommuniziere offen und ehrlich, bin sehr nahbar, versuche nicht perfekt zu wirken und deshalb können sich vielleicht auch viele mit mir identifizieren. Ich sage ›vielleicht‹, weil ich es nicht weiß, aber denke mir insgeheim oft: ›Ich bin doch nur die Sophia aus Rosenheim.‹ Und ich bin sehr beständig. Das ist besonders wichtig, weil ab einem gewissen Following die Leute auch regelmäßig von dir hören wollen und da will ich sie natürlich nicht hängenlassen.«

»Was heißt Erfolg für dich?«

> »Meinen eigenen Erfolg erkenne ich dadurch, was ich durch meine Arbeit bewirken kann und wie viele Menschen ich damit erreiche. Für die hat es nämlich wirklich einen Effekt und schafft Veränderungen. Jeder ist aber auf eine individuelle Art erfolgreich, das hat nichts mit Follower-Zahlen oder Geld zu tun. Was ich inspirierend an Menschen finde, die ich als erfolgreich einstufen würde, ist, dass sie eins mit sich selbst sind, weil sie etwas gefunden haben, wofür sie leben und woran sie Freude haben. Das sind eigentlich immer Menschen, die glücklich und mit sich selbst im Reinen sind.«

»Was willst du anderen für ihren Weg noch mitgeben? Welche Erkenntnisse haben dir im Leben am meisten geholfen, die du gerne teilst?«

> »Ich glaube, was im Leben besonders wichtig ist, ist, auf sich und seinen Körper zu hören und sich nichts vorzumachen. Wenn man Dinge tut, nur um Anerkennung zu gewinnen, arbeitet man oft gegen sich und seinen Körper – so ging es mir auch am Anfang. Oft sieht man etwas, wie zum Beispiel die krassen Körper bei einem Wettkampf auf der Bühne und ist beeindruckt. Aber man realisiert nicht, dass die Wettkämpfer zu dem Zeitpunkt eigentlich physische Wracks und kurz vor dem Ende sind. Es gibt keinen universellen Weg. Es gibt viele Wege und die Kunst besteht darin, den Weg zu finden, der einem liegt und gefällt.«

OHNE BESTÄNDIGKEIT KANN KEIN DICKES BRETT GEBOHRT WERDEN

Die Beispiele in diesem Kapitel hätten endlos sein können. Weder hat es jemals ein Großer in unserer Menschheitsgeschichte ohne Beständigkeit und Verzicht nach oben geschafft noch gelingt dies einem jungen Durchstarter in der modernen Welt. »Nur mein Fleiß unterscheidet mich«, hat schon der Mathematiker Carl Friedrich Gauß gesagt. Und in seinem Porträt über Cäsar schreibt Mommsen, dass dieser rastlos Stein auf Stein gefügt hat – »mit immer gleicher Geschmeidigkeit und immer gleicher Spannkraft tätig an seinem Werk, ohne je zu überstürzen oder zu verschieben, eben als gebe es für ihn nur ein Heute und kein Morgen. So wirkte und schaffte er wie nie ein Sterblicher vor und nach ihm«.

IMPULSE DER JUNGEN ÜBERFLIEGER

- »Wichtig ist, sich mal frei zu machen, von allen Konventionen, Routinen und gängigem Blabla. Dadurch wird man nur gehemmt. Die Dinge kommen immer anders – nimm sie, wie sie sind. Nur das Eigene, was von einem selbst kommt, wirkt echt und bringt einen wirklich weiter.«

  Chris Tall

- »Wag den Sprung. Pack Gelegenheiten beim Schopf und bring den Mut auf, dein Ding konsequent durchzuziehen. Übung macht einfach den Meister – niemand fängt als Profi an. Erwarte das auch nicht von dir.«

  Masha Sedgwick

- »Machen ist das Wichtigste. Wenn du einfach mal etwas anfängst und alles auf diese Sache setzt, geht es immer deutlich schneller voran.«

  Andreas Kunze

- »Wer nichts tut, kann auch nichts ändern. Jeder ist seines eigenen Glückes Schmied – zumindest bis zu einem gewissen Ausmaß. Wenn man ein Ziel hat, kann man es nur erreichen, indem man bereit ist, den nötigen Preis zu zahlen und auf manche Bequemlichkeiten zu verzichten. Niemand bekommt etwas geschenkt, man muss für seinen Traum auch etwas tun.«

  Sophia Thiel

7. DEN WEG DER JUNGEN ÜBERFLIEGER GEHEN

»Geh' nicht dahin,
wo der Weg Dich hinführt.
Geh' dahin, wo es keinen Weg gibt,
und hinterlasse eine Spur.«

Ralph Waldo Emerson

Es gibt kein Patentrezept für Erfolg, das haben schon die Überflieger in den vorangegangenen Kapiteln gezeigt. Es gibt keine Schritt-für-Schritt-Anleitung, keine Regeln. Doch, eine Regel gibt es: Nur wer seinen eigenen Weg einschlägt, statt ihn sich von anderen vorschreiben zu lassen, wird langfristig große Erfolge feiern können.

Die Wahrheit ist: Von den Abertausenden, die es versuchen, die alles für ihren Erfolg und ihr großes Ziel geben, werden die meisten dennoch enttäuscht. Sie scheitern. Doch wie schon gesagt, macht für viele genau das den Reiz aus. Zu wissen: Es ist viel wahrscheinlicher, dass es nicht klappt, als dass man selbst genau derjenige ist, dem der große Sprung gelingen wird. Zu wissen: Kaum jemand setzt auf einen, weil es ein aussichtsloses Vorhaben zu sein scheint. Zu wissen: Es ist trotz allem keine Option, nicht alles für seinen Traum in die Waagschale zu legen.

Dieses Kapitel hat zwei Absichten: Es soll zum einen Gemeinsamkeiten der Wege junger Überflieger aufzeigen; und es soll verdeutlichen, dass ein derartiger Weg nicht einer kleinen elitären Gruppe vorbehalten ist, sondern, dass deutlich mehr Menschen daran teilhaben können, wenn sie denn wollen und eine passende Herangehensweise wählen.

EINSTELLUNG UND ARBEITSMORAL

Es gibt einen Punkt im Leben der jungen Überflieger und aller erfolgreicher Menschen, an dem sie für sich die Entscheidung treffen, das Beste aus sich zu machen, alles aus sich herauszuholen und sich mit nichts Geringerem zufriedenzugeben. Es ist eine bewusste Entscheidung, die sich unmittelbar auf ihr Verhalten überträgt. Oft überraschen sie sich dabei selbst und übertreffen durch ihre Leistungen ihre eigenen Erwartungen.

Die richtige Einstellung und Fleiß sind die nötigen Voraussetzungen für späteren Erfolg. Es gibt keine Studie über erfolgreiche Persönlichkeiten, egal ob Alt oder Jung, aus der Moderne oder Antike, männlich oder weiblich, die nicht belegt, dass ab einem gewissen Punkt der Einsatz der Person für das Ausmaß des Erfolgs entscheidend ist. Wer bis ganz nach oben will, schafft das nur, indem er übt und übt und übt – und das auch noch auf die richtige Art und Weise, wie wir gleich noch genauer sehen werden.

Chris Tall füllt heute Hallen, weil er öfter aufgetreten ist und härter rangeklotzt hat als die anderen. Joshua Kimmich streift sich nicht das Trikot der Nationalmannschaft über, weil er für große Partys bekannt ist. Kontra K stand in den Charts ganz oben, weil er hartnäckig über ein Jahrzehnt Texte schrieb und probte, obwohl ihm niemand dafür zujubelte.

In den vorangegangenen Kapiteln hieß es oft: Man muss Freude an der Sache haben, der man sich widmet; es muss Spaß machen. Nur dann kann man richtig gut werden und lässt sich auch in schweren Zeiten nicht klein kriegen. Das ist auch richtig – allerdings ist es nur ein Teil der Wahrheit. Dass man sich für seine Sache begeistern kann, ist die Grundlage. Doch sobald es darum geht, in neue Sphären vorzudringen und neue Maßstäbe zu setzen (was sicher nicht jedermanns Sache ist), kommt ein entscheidendes Element ins Spiel: der eiserne Wille.

Ob Sport, Wirtschaft, Musik, Wissenschaft, Kunst, Entertainment, Politik oder ein anderer Bereich, es gibt immer gewisse Tätigkeiten, die einem leicht von der Hand gehen und Freude bereiten (für den Fußballer das Spiel, für den Musiker und den Künstler der Auftritt, für den Unternehmer das Ideenspinnen et cetera), und es gibt die Tätigkeiten, die in den meisten Fällen hinter geschlossenen Türen ablaufen (Training, Üben, Vorbereiten) und ausschlaggebend dafür sind, dass überhaupt von jungen Überfliegern, Ausnahmetalenten oder Ikonen gesprochen werden kann.

Jeder, der in einer Sache gut sein will, entwickelt mit der Zeit ein Gespür dafür, was ihn weiterbringt und für Verbesserungen und Fortschritt sorgt, und was eher Geplänkel ist. Das Spannende an der Sache ist: Zahlreiche Studien haben gezeigt, dass die Sache, von der die *High-Performer* sagten, sie würde sie am meisten voranbringen, ihnen an sich keinen Spaß machte. Doch sie wussten, sie gehörte dazu und war zwingend notwendig, um das große Ziel zu erreichen. Sie wussten, wofür sie es taten. Die Frage ist: Wie schafft man es, trotzdem langfristig motiviert zu bleiben? Während der Anfangseuphorie beständig zu sein und einen starken Willen zu zeigen, ist schließlich keine große Kunst.

Es ist oft deshalb einsam an der Spitze, weil nur wenige den Preis der harten Arbeit zahlen wollen. Es ist schwer, sich immer wieder für etwas aufzuraffen, das nicht einmal ein sicheres Resultat garantiert. Es ist hart, sich immer wieder das Maximum abzuverlangen, fokussiert zu bleiben und sich neue Herausforderungen zu suchen, statt am gemütlichen Aussichtspunkt zu verweilen. Die Surferin Bethany Hamilton, die einen Arm verloren hat und sich zurück aufs Board kämpfen wollte, brachte es so auf den Punkt: »Es muss nicht einfach sein, aber machbar.« Dass es machbar ist, haben schon viele Menschen bewiesen.

Niemand wird mit dem eisernen Willen geboren, in schwierigen Phasen durchzuhalten. Sich einzureden, man sei eben einfach nicht mit dem nötigen Durchhaltevermögen gesegnet, ist nichts anderes als eine bedauernswerte Ausrede. Sie wird ein Leben lang die unüberwindbare Hürde zum großen Durchbruch sein, weil die nötige Einsatzbereitschaft fehlt. Solange wir dem Glauben unterliegen, Geschick, Willensstärke oder etwas Ähnliches sei angeboren, können wir uns nicht der Entitätstheorie entziehen und geben dadurch das Heft aus der Hand. Das Schlimmste daran: Es paralysiert unseren Tatendrang, weil wir ernsthaft überzeugt sind, dass es der Versuch nicht wert ist. Welch größere Tragödie könnte es im Leben geben? Die Reue, es nicht mit letzter Entschlossenheit probiert zu haben, wiegt immer schwerer als der Schweiß auf der Stirn.

DER FAKTOR HERAUSFORDERUNG

Doch harter Einsatz, viel Training und Beständigkeit alleine reichen nicht. Das menschliche Gehirn schaltet nämlich unheimlich gerne auf Energiesparmodus und der gesunde Menschenverstand versucht uns immer wieder einzureden, nicht mehr als das Nötige zu tun. Wachstum und beständige Weiterentwicklung erfolgen daher nur durch immer neue Herausforderungen. Ein Zwischenziel wurde erreicht? Klasse, Zeit für das nächste! Wer aufhört, sich gezielt zu strecken, die Messlatte ein wenig höher zu hängen, die Komfortzone ein weiteres Mal zu verlassen, bleibt zwangsläufig stehen. Das ist nicht angenehm und macht nicht immer Spaß, aber es ist unumgänglich für denjenigen, der einen ambitionierten Weg anvisiert. Das Gute ist: Leisten kann das rein theoretisch jeder.

Der Faktor Herausforderung ist deshalb so wichtig, weil er uns zwingt, unsere volle Aufmerksamkeit auf eine Sache zu richten und uns an die eigenen Grenzen zu bringen – siehe die Trainingsmethoden von Andreas Wolff. Zu Beginn von Kapitel 5 hatte ich Daniel Golemans Ansatz der Top-down-Aufmerksamkeit angesprochen: achtsames, bewusstes Vorgehen beim Ausüben von Tätigkeiten, um Fehler und kleine Schludrigkeiten sofort zu erkennen und zu korrigieren. Der Hintergedanke: Man kann sich nicht verbessern, wenn man seiner Arbeit nicht die volle Aufmerksamkeit widmet. Abgelenktes Arbeiten ist Gift für die eigene Entwicklung. Wenn wir unkonzentriert sind, zu entspannt an die Sache herangehen und einfach nur ein bisschen Spaß haben wollen, werden wir uns kaum weiterentwickeln. Wenn der Fokus fehlt, bleiben Wachstum und Verbesserung aus. Wenn wir an unsere Grenzen gehen, haben wir keine andere Wahl, als fokussiert zu sein. Deswegen wird auch von fast allen Spitzentrainern und -Lehrern in unterschiedlichen Bereichen empfohlen: Lieber kürzere Trainings- oder Arbeitseinheiten mit vollem Fokus und höherer Intensität als längere »Larifari-Einheiten«.

Wer nicht voll bei der Sache ist, kann auch nicht den maximalen Trainingseffekt erzielen. Das lässt sich gut an den Überfliegern Sophia Thiel, Fee-Gloria Grönemeyer und Sebastian Klussmann festmachen: Bevor sie etwas halbherzig angehen, lassen sie es lieber bleiben, weil sie wissen, dass es zu nichts führen wird. Halbherzigkeit ist keine Option. Die Kunst ist immer wieder bewusst den eigenen Kompetenzrahmen zu verlassen, also Dinge zu tun, die man noch nicht kann, und dann mit vollem Fokus am Ball bleiben.

Menschen stagnieren in ihrer Entwicklung, weil sie nach einer zügigen Entwicklung ein Plateau erreichen und an dieser Stelle aus Frust oder mangelndem Know-how stehenbleiben. Sie glauben, ihr Limit erreicht zu haben und geben sich damit zufrieden. Randy Pausch, der bekannte

Informatikprofessor der Carnegie-Mellon-Universität, der durch seine Abschiedsvorlesung im Jahr 2007 kurz vor seinem Tod Millionen von Menschen bewegte, sprach gerne darüber, wie sich Kindheitsträume verwirklichen lassen. Er meinte, dass jeder, der seinen Traum leben will, unvermeidlich auf Widerstand und Mauern trifft. Doch seiner Meinung nach sind Mauern nicht dazu da, uns auszubremsen und aufzuhalten, sondern um jene auszufiltern, die es nicht ernst meinen. Ein Plateau ist nichts anderes als so eine Mauer; ein Test, der uns auf die Probe stellt.

Den Fehler, den die meisten machen, wenn sie ein Plateau erreichen, hat Einstein schön auf den Punkt gebracht: »Die Definition von Wahnsinn ist, immer wieder das Gleiche zu tun und andere Ergebnisse zu erwarten.« Es braucht also einen neuen Impuls, um weiterzukommen. In Phasen, in denen man auf der Stelle tritt, ist es besonders wichtig, sich bewusst ein wenig weiter aus der Komfortzone zu wagen und sich kurzzeitig sogar leicht zu überfordern. Auf diese Weise kommt schnell ans Tageslicht, wo Verbesserungspotenzial besteht. Henry Ford hat es treffend gesagt, als er meinte: »Wer immer tut, was er schon kann, bleibt immer das, was er schon ist.«

Menschen verbindet ein inhärenter Trieb, wachsen zu wollen. Aus diesem Grund sind es rückblickend oft jene Phasen, die uns bis aufs Äußerste gefordert haben, die uns besonders nachdrücklich und positiv in Erinnerung bleiben.

OHNE FEEDBACK GEHT ALLES LANGSAMER

Neben der Einstellung, dem Einsatz und der konstanten Herausforderung ist regelmäßiges Feedback nötig. Chris Tall sagt nicht umsonst: »Als Comedian kann man nur durch das Auftreten besser werden, weil man dadurch unmittelbares und ungefiltertes Feedback erhält.« Bei den erfolgreichen Jungunternehmern haben wir gesehen, dass sie interne Feedbackstrukturen implementieren, um sicherzustellen, dass jeder im Team besser werden kann, und gleichzeitig Feedback von Kunden einfordern, um ihren Service zu optimieren. Am offensichtlichsten ist die Bedeutung des Feedbacks im Sport- und Musikbereich. Wer alles für seinen Traum gibt (und über die nötigen Mittel verfügt), versucht schon früh, bei den besten Trainern, Lehrern, Förderern unterzukommen, weil er weiß: Sie können ihm dabei helfen, in kürzerer Zeit größere Entwicklungsschübe hinzulegen. Die besten Förderer zeichnen sich dadurch aus, dass sie die richtige Herangehensweise für ihre Schützlinge wählen und gezieltes Training verordnen. Sie fordern viel, ohne zu überfordern. Sie geben Feedback, damit ihre Schüler zunehmend selbstständig agieren und üben können. Sie achten darauf, dass die intensiven Phasen, in denen an Fertigkeiten gefeilt wird, mit voller Aufmerksamkeit bewältigt werden und dass Regenerations- und Reflexionsphasen nicht zu kurz kommen.

Feedback, egal in welcher Form es kommt, ist demnach ein wesentlicher Faktor, um besser zu werden. Wer Angst vor Kritik hat – auch eine Art des Feedbacks –, verkennt etwas, das ich als 14-Jähriger gelernt habe, nachdem mich mein Fußballtrainer vor versammelter Mannschaft zusammenfaltete. In einem anschließenden Vieraugengespräch sagte er zu mir:

> »Jemand kritisiert dich nur solange, wie er an dich glaubt. Wenn du nicht mehr kritisiert wirst, hat der andere dich aufgegeben. Niemand ist so gut, dass man ihn nicht mehr kritisieren könnte. Du willst nie an einen Punkt kommen, an dem du nicht mehr kritisiert wirst.«

Sicher, Kritik ist in der Regel nicht schön, aber sie spornt an, wenn man sie richtig interpretiert. Durch unsere Reaktion auf Feedback erziehen wir, signalisieren wir unserem Umfeld, ob wir empfänglich für aufrichtiges Feedback sind. Man sollte nie den tragischen Fehler machen, einen Feedbackgeber zu vergraulen, denn dadurch beraubt man sich wichtiger

Entwicklungschancen. Eine Außenperspektive holen sich schließlich sogar die Besten ihres Fachs, weil sie wissen, dass sie nur so den nächsten Schritt machen können. Wer Feedback sucht, wirklich danach strebt, besser zu werden, und offen für ehrliches Feedback ist, wird für diese Einstellung belohnt werden und Förderer finden. Mehr dazu in Teil 3.

DIE HELIKOPTER- UND DIE GOLDFISCHPERSPEKTIVE

»Wer hohe Türme bauen will, muss lange beim Fundament verweilen«, wusste schon Anton Bruckner. Das bedeutet: Die Vision, das große Ziel muss klar sein, aber das Naheliegende darf dabei nicht außer Acht gelassen werden. Dario Müller macht den Erfolg seines Geschäfts unter anderem daran fest, dass er eine klare Richtung hat, diese an sein Team kommuniziert und erwartet, dass jedes Paket, das den Laden verlässt, mit größter Sorgfalt behandelt wird. Ähnlich hat es Delia Fischer beschrieben. Wie wichtig die Feinarbeit und der Fokus auf Details für Philipp Stein in der Küche sind, war klar erkennbar, und für ihn machen sie den entscheidenden Unterschied zwischen guten und den besten Chefs aus.

Junge Überflieger orientieren sich also durchaus an bewährten Herangehensweisen: den Blick auf das große Ziel gerichtet halten und gleichzeitig die Details nicht außer Acht lassen; konstant an den Grundlagen arbeiten und zugleich akribisch, ja fast ein wenig besessen, die Verbesserung der eigenen Fertigkeiten vorantreiben.

Die Helikopterperspektive gibt die Richtung vor; sie zeigt, ob man sich auf einem guten Weg befindet und verdeutlicht, wie man vorankommt. Die Richtung unterstreicht die langfristige Bedeutung des eigenen Handelns und ist der Leuchtturm in dunklen Phasen. Am großen Ganzen kann man sich immer wieder orientieren. Die Goldfischperspektive ist notwendig, um geerdet zu bleiben und sich auf die wichtigsten

Aufgaben zum gegenwärtigen Zeitpunkt zu konzentrieren. Zu denken, man wäre schon zwei Schritte weiter, als es der Fall ist, ist gefährlich, denn das kann dazu führen, dass wichtige Grundlagen vernachlässigt werden, was sich zu einem späteren Zeitpunkt bitter rächen kann.

Diejenigen, die am weitesten gekommen sind, haben sich zwar schnell entwickelt, aber dabei nicht in Kauf genommen, wichtige Entwicklungsschritte und -prozesse auf dem Weg zu missachten. Dieser Punkt ist vor allem in unserer beängstigend schnelllebigen und ungeduldigen Welt enorm wichtig. Während es dem Zeitgeist entspricht, alles sofort, schnell und einfach serviert bekommen zu wollen, um nicht den Anschluss zu verlieren, gehen auch die heutigen Überflieger immer noch den einzigen Weg, der zum Gipfel führen kann: Das langfristige Ziel wird der sofortigen Genugtuung übergeordnet. Was Zeit braucht, um zu gedeihen (letztlich alle besonderen Fähigkeiten), bekommt die nötige Zeit. Der beste und schnellste Weg wird zwar angepeilt, aber wo es keine Abkürzungen gibt, werden auch keine gesucht.

Sich dem Wahn der Moderne, immer alles um jeden Preis noch besser, noch schneller, noch größer zu machen, bewusst und regelmäßig zu entziehen, ist vermutlich eines der wenigen wirklichen Erfolgsgeheimnisse junger Überflieger. Der Rest ist weitläufig bekannt, obgleich er nicht weitläufig gelebt wird. Zu jeder Zeit waren die erfolgreichsten Menschen, die unter Umständen ganze Zeitalter geprägt haben, jene, die unbeirrt ihrem eigenen Rhythmus folgten. Sie ließen sich nicht in Schablonen pressen und wurden nicht panisch, selbst wenn sie manche Wegabschnitte einsam waren. Das trifft auch heute noch zu.

GEDULD

Die größte Herausforderung für uns Millennials ist, dass wir in einer Welt aufgewachsen sind, in der fast alles schnell beziehungsweise auf

Abruf bereitsteht und wir es gewohnt sind. Das bestellte Paket bei Amazon ist morgen da. Mit Tinder können wir im Sekundentakt entscheiden, ob uns ein Mensch gefällt – zumindest rein optisch. Whatsapp ermöglicht es uns, über den gesamten Globus Sofortnachrichten zu verschicken und wir erwarten demzufolge auch schnelle Antworten. Alles soll augenblicklich passieren und ist auf Tempo ausgelegt. Ungeduld wird nicht mehr als Laster, sondern als Tugend gesehen, weil es die Beschleunigung noch mehr fördert.

Da alles so schnell geht, unterliegen wir der Illusion, keine Zeit zu haben, und fangen aus diesem Grund vieles an und führen wenig zu Ende. Wir wollen Abkürzungen, Zusammenfassungen und idiotensichere Anleitungen. Wenn sich Resultate nicht sofort einstellen, lassen wir es eben wieder sein. Im Marketing lernen wir, dass wir die Aufmerksamkeit des potenziellen Kunden sofort fesseln müssen, weil er sich sonst einer Sache widmet, die noch lauter schreit. Die Erwartungshaltung ist: sofort verfügbar, schnell konsumierbar, leicht verständlich.

Bevor wir uns in eine Sache hineinfuchsen und bereit sind, in Vorleistung zu gehen, muss sichergestellt sein, dass es sich lohnt und uns etwas bringt. Eine altbewährte Weisheit lassen wir dabei außer Acht: Gut Ding will Weile haben. Trotz des rasanten Fortschritts wird es immer Dinge geben, die ihre Zeit brauchen und kein sicheres Ergebnis versprechen. Vorrangig betrifft das genau die Bereiche, über die ich bisher geschrieben habe: Sport, Musik, Kunst und Entertainment, Wissenschaft, Unternehmertum. Wer weit gekommen ist, hat die Bereitschaft gezeigt, sich seiner Sache langfristig zu widmen und nicht damit aufzuhören, wenn nach kurzer Zeit der ersehnte Erfolg ausblieb. Geduld und Beständigkeit sind die Meisterschlüssel und werden es auch bleiben, egal wie sehr wir uns technisch noch optimieren.

Wenn wir immer nur an der Oberfläche kratzen, weil wir durch die vielen Ablenkungen sofort auf den nächsten Reiz reagieren und uns nicht in komplexere Sachverhalte einarbeiten wollen, kann das nur eine logische Konsequenz haben: Tiefgang und beachtliches Können bleiben aus. Wenn es zwei Dinge gibt, die sich beim Streben nach Erfolg beißen, dann ist es das Bedürfnis nach sofortigen Resultaten und das Bedürfnis nach Spitzenleistungen. Das Minimax-Prinzip funktioniert nicht, wenn wir ein Geschick wirklich meistern wollen. Fast alle lohnenswerte Dinge im Leben, wie etwa Liebe, Freundschaft, Vertrauen oder Erfolg, müssen behutsam aufgebaut werden. Wer keine Geduld und die damit verbundene Ausdauer mitbringt, wird wie Chris Tall zu Beginn seiner Karriere denken, dass Promis und erfolgreiche Menschen von einem anderen Stern kommen, anstatt selbst erfolgreich zu werden.

DAS GROSSE WARUM

Dieser letzte Faktor ist der Motor, der alles andere zum Laufen bringt und in Gang hält. Was verleitet einen Fußballspieler dazu, in jungen Jahren seinem großen Ziel alles unterzuordnen? Wieso arbeitet ein Musiker jahrzehntelang aufopferungsvoll an seinen Texten, obwohl er nicht weiß, ob ihm jemals der Durchbruch gelingen wird? Was bewegt Menschen dazu, sich jahrelang für ihre Leidenschaft aufzuopfern und auf vieles freiwillig zu verzichten?

Nur durch ein klares Warum im Leben, kommen wir mit dem herausfordernden Wie zurecht, wusste schon Friedrich Nietzsche. Unsere Motivation muss langfristig stärker sein als die Verlockung, uns mit weniger zufrieden zu geben oder abzubrechen. Sie ist es, die uns antreibt und uns die Kraft schenkt, uns jeden Tag neuen Herausforderungen zu stellen, jeden Tag weiter wachsen zu wollen. Diese Motivation entspringt dem eigenen Warum. Wenn es fehlt – aus welchen Gründen auch immer –, dann brechen wir ab, bevor wir in Sphären vordringen konnten, in denen sich der Ertrag sehen lässt und wir uns selbst erstaunen.

Wir tun dem Erfolgreichen Unrecht, wenn wir seine Leistungen auf Talent oder Glück reduzieren. Die Meilen, die er gehen musste, um an den Punkt zu kommen, an dem er steht, blenden wir nur zu all gerne aus. Sie entsprechen keinem vorgefertigten Weg, sind oft holprig und einsam – intensiv geübt wird schließlich viel alleine.

Der Faktor Anerkennung und die Rolle des Umfelds dürfen natürlich nicht allzu sehr heruntergespielt werden. Wie Sebastian Klussmann und Conrad Caine erzählten, kann es ein großer Ansporn sein, eine gewisse Rolle auferlegt zu bekommen und sich den Respekt der anderen zu verdienen. Diese extrinsische Motivation reicht zwar alleine nicht aus, aber sie kann für einen beachtlichen Schub sorgen, um kritische Phasen zu überwinden oder noch eine Schippe draufzulegen. Förderer und Unterstützer im eigenen Umfeld sind vor allem in solchen Phasen wichtig. Doch Zweifler, die uns erzählen, dass wir es niemals schaffen werden, und Neider, die uns keinen Erfolg gönnen, sind oft die größten Motivatoren. Sie sind es, die uns den entscheidenden Kick geben. Gleiches gilt für Misserfolge – mehr dazu in Kapitel 8.

Das Warum der jungen Überfliegern ist immer größer als sie selbst. Ihr Erfolg zeichnet sich dadurch aus, dass ihr Wirken im Leben anderer Menschen bedeutsam ist.

Klar ist: Für jeden gibt es einen Weg, seinen Traum zu leben. Mit der richtigen Herangehensweise, dem nötigen Einsatz, der Beständigkeit durch ein klares Warum, kann auch ein schwerer Weg gemeistert werden. Es gibt keinen Grund, dem eigenen Traum nicht zu folgen. (Es sollte aber klar sein, dass utopische Träume von diesem Gedanken ausgeschlossen sind: Mit 50 Jahren wird man kein Bundesligaprofi mehr, als Kleinwüchsiger wird man vermutlich nicht in der NBA landen und wer komplett unmusikalisch ist, wird wohl keine Musikerkarriere vor sich haben.)

IMPULSE DER JUNGEN ÜBERFLIEGER

- »Den Moment leben – nicht ständig aufschieben und an morgen denken. Wenn du was willst, dann pack heute an. Das Jetzt kommt nicht wieder: Die Kunst besteht darin, den vollen Fokus auf den Augenblick zu richten.«

  Kontra K

- »Wenn du in einer Sache der Beste sein willst, musst du bereit sein, diesem Ziel alles andere unterzuordnen.«

  Joshua Kimmich

- »Erfolgsgeheimnisse gibt es nicht. Du musst dir und deinem Weg treu sein und darfst dich nicht von anderen beirren lassen, wenn du dein Ziel erreichen willst.«

  Chris Tall

TEIL 2: TIEFFLIEGER – AUS RÜCKSCHLÄGEN LERNEN

8. SCHEITERN, AUFSTEHEN UND STÄRKER ZURÜCKKOMMEN

»Beurteile einen Mann nicht, wenn er am Boden liegt. Beurteile ihn, wie er wieder auf die Beine kommt. Wenn ich eine Niederlage einstecken muss, bin ich deswegen noch lange kein Verlierer. Ein Verlierer bin ich nur, wenn ich selbst daran glaube. Wenn sich jemand immer einredet, eine Verliererin oder ein Verlierer zu sein, wird sie oder er es irgendwann glauben und sich entsprechend verhalten. Dann wird Verlieren zur Angewohnheit.«

Ralph Krüger

Nichts ist schlimmer als der Moment der Niederlage, der Demütigung, der Ablehnung, des Sturzes, des Verlusts, des Misserfolgs. Er kränkt uns, lässt uns zweifeln und trifft uns oft bis ins Mark. Er schmerzt fürchterlich. Doch gerade weil er so fürchterlich schmerzt, ist er auch so mächtig. Er kann zu einem großen Antrieb werden und zu einem Ausmaß motivieren, das den Betroffenen zu ungeahnten Höhen katapultiert. Es ist der Gekränkte, der Getroffene, der, der den bitteren Geschmack des Scheiterns zu schmecken bekommen hat, der mehr von sich abverlangt als zuvor. Rückblickend sind es oft die aussichtslosen Zeiten, die dunklen Phasen und die größten Niederlagen, die uns zu dem gemacht haben, was wir heute sind.

Hinfallen macht zäh und beständig, nicht der Applaus.

Ohne das Scheitern wären uns viele große Kunstwerke, Erkenntnisse, Durchbrüche und Ikonen des Sports verwehrt und unbekannt geblieben – im sechsten Kapitel habe ich zahlreiche Beispiele aufgelistet, die diesen Gedanken verdeutlichen. Auch der Blick in die Geschichten der jungen Überflieger hat gezeigt: Oft waren es die schmerzlichen Phasen, die sie an die Spitze geführt haben. Jannike Stöhr hat es schön auf den Punkt gebracht, als sie sagte: »In Krisen richten wir den Fokus automatisch auf das Wesentliche.« Oder Joshua Kimmich, der erzählte, dass wir uns besonders dann, wenn es nicht so läuft, den Blick auf das richten, was wir besser machen können. Die Säge schärfen wir nach einem Sturz; der Erfolg hingegen kann uns blind machen, wenn wir nicht aufpassen und zu sehr in Euphorie verfallen. Die größte Angriffsfläche offenbaren wir ironischerweise dann, wenn wir in unserem Hochgefühl des Sieges unachtsam und nachlässig werden. Der tragische Sturz des Helden ist uns aus jahrtausendalten Sagen bekannt.

Das Scheitern mag uns zwar kurzzeitig (und auch länger, wenn wir es zulassen) in die Knie zwingen, aber es nötigt uns auch zu reflektieren und uns neu auszurichten. Diese Reflexionsphase haben viele für sich genutzt, um ihre Kräfte zu bündeln und dann den großen Wurf anzugehen. Die Münchner Fußballfans werden sich noch wie gestern an das bitter verlorene »Finale Dahoam« von 2012 erinnern. Die darauffolgende Saison wurde zur erfolgreichsten ihrer über hundertjährigen Geschichte. Es heißt nicht umsonst, dass mitten im Misserfolg eine neue Chance liegt und dass die größten Errungenschaften oft auf die schmerzhaftesten Niederlagen folgen.

Wir würden zwar niemandem den Schmerz des Hinfallens wünschen, doch oftmals ist genau das die bittere Erfahrung, die mancher machen muss, um in die richtige Spur zu finden und diese mit dem nötigen Biss zu verfolgen.

»Das Scheitern ist normal«, schreibt Wolf Schneider in seinem Buch *Glück!*. »Im Wettlauf nach Glück, Ruhm, Ehre und Medaille treffen auf jeden Gewinner zehn, hundert, manchmal hunderttausend, die verloren haben.« Jeder, der es wagt, ein großes Ziel zu verfolgen, etwas Neues auszuprobieren und etwas Originelles auf die Beine zu stellen, wird immer und immer wieder scheitern, aber wenn er das nötige Durchhaltevermögen mitbringt, tut er durch sein Wirken in den meisten Fällen nicht nur sich selbst, sondern vielen anderen Menschen durch sein Beispiel einen großen Gefallen.

Genauso wie Erfolg ist Scheitern ein subjektiver und daher schwammiger Begriff. Was der eine als das Ende der Welt einstuft, ist für den anderen konstruktives Feedback. Scheitern ist etwas Temporäres, solange wir uns dazu entschließen, wieder auf die Beine zu kommen. Manche nehmen es persönlich, andere sehen es als Test, den sie bestehen müssen, um zu zeigen, wie sehr sie es wirklich wollen. Thomas Edison wird das Zitat zugeschrieben: »Ich habe nicht versagt. Ich habe nur 10.000 Wege gefunden, die nicht funktionieren.« So kann man die Dinge auch sehen.

Unsere Auffassung und unsere Definition von Scheitern sagt viel über uns als Mensch aus, ebenso wie unsere Auffassung vom Erfolg. In Momenten der Niederlage kommt unser wahrer Charakter zum Vorschein. Wir werden in fast jeder bekannten Absolventenrede von amerikanischen Universitäten und in zahlreichen Motivationsvideos daran erinnert, dass wir genau dann Größe beweisen können.

Auch die bisher beschriebenen Überflieger sind (mehrfach) ins Straucheln geraten, haben Bauchlandungen hingelegt und schwere Krisen durchgemacht. Nichtsdestotrotz wollte ich für diesen Teil mit Menschen sprechen, die persönlich unter Beweis gestellt haben, dass man selbst existenzbedrohende Krisen überwinden und gestärkt aus Misserfolgen hervorkommen kann.

ANNE KOARK – SCHEITERN ALS CHANCE

Anne war erfolgreiche Unternehmerin, wurde mehrfach mit Preisen für ihr innovatives Geschäftsmodell[1] und ihre unternehmerischen Fähigkeiten ausgezeichnet. Im Jahr 2001 erhielt sie zum Beispiel den Breakeven Award, der an Existenzgründer verliehen wird, und im Jahr 2004 ging der Lady Business Award an sie. Sie erhielt viel mediale Aufmerksamkeit – und hätte ich dieses Buch vor rund 20 Jahren geschrieben, wäre sie höchstwahrscheinlich im ersten Teil gelandet. Doch im Jahr 2003 musste sie Insolvenz anmelden, sowohl geschäftlich als auch privat. Die Auswirkungen der Anschläge vom 11. September 2001 und ein Mietvertrag, aus dem sie nicht herauskam, zwangen ihr blühendes Business und ihren unermüdlichen unternehmerischen Kampfgeist letztlich doch in die Knie.

Bekannt wurde Anne zum einen durch ihren Artikel »Hilfe, ich bin noch ein Mensch!«, der im *Wall Street Journal Online* veröffentlicht wurde und ein überwältigendes Echo erzeugte, und zum anderen durch ihr Buch *Insolvent und trotzdem erfolgreich*, das direkt in die Wirtschaftsbestsellerlisten aufstieg und sich fast ein halbes Jahr lang dort hielt. Anne wurde in zahlreiche Talkshows eingeladen, hält bis heute Vorträge über den Umgang mit dem Scheitern und hat sich seitdem gegen die Stigmatisierung von insolventen Personen und die Auflockerung des deutschen Insolvenzrechts eingesetzt, das es dem Gescheiterten äußerst schwer macht, wieder auf die Beine zu kommen.

1 Anne hat 1999 das Unternehmen »Trust in Business« gegründet, das seinen Fokus darauf richtete, ausländischen Firmen bei Geschäften in Deutschland zu helfen.

Auf ihrer Visitenkarte steht Pleitier, was Anne nicht davon abhält, sich augenzwinkernd als »VIP« zu bezeichnen: Very Intensively Pleite. Sie erklärt mir:

> »Scheitern hat immer etwas Positives, auch wenn es sich nicht so anfühlt und mit Erschwernissen verbunden ist, die man nicht haben will und die Narben hinterlassen. Immer wenn ich ein großes Ziel verfolge, einen Durchbruch schaffen will, dann muss ich zwangsläufig experimentieren. Und Experimentieren ist darauf aufgebaut, mehrmals zu scheitern, bis man das findet, was man sucht, und jedes Mal aus diesem Scheitern zu lernen. Das kennen wir alle aus der Wissenschaft. Nichts Großes ist je ohne zahlreiche Rückschläge entstanden. Softwareentwicklung beruht auf diesem Prinzip. Es wird etwas programmiert, dann wird es getestet, und dann werden die Bugs korrigiert und das System wird besser. Nur so können wir lernen, und deshalb ist Software auch die Erfindung des Menschen, die sich am schnellsten entwickeln konnte, weil es das Konzept des Scheiterns gar nicht kennt. Es gibt nur Updates.«

Scheitern ist für Anne immer eine Frage der eigenen Perspektive.

> »Oft ist es doch so: Ich mache Erfahrungen und stelle fest, was nicht funktioniert – dadurch mache ich einen Lernschritt, aber scheitere nicht. Das führt zu Flexibilität im Kopf. Die Frage ›Wann bin ich gescheitert?‹, ist sehr schwer zu beantworten, weil das mit der eigenen Einstellung zusammenhängt.«

Mit einem leichten Schmunzeln fügt sie hinzu:

> »Wirklich gescheitert bin ich erst, wenn ich aufgebe. Ich würde aber nie sagen, man soll mit aller Gewalt an einer Sache festhalten und mit etwas weitermachen, das bergab geht und nicht zu retten ist. Etwas nach vorne bringen zu wollen, was schon tot ist,

ist auch eine Form des Scheiterns. Etwas Totes kann man nur eine kurze Zeit mit sich schleppen, dann wird es zu schwer. Und dann gibt es auch keinen Neuanfang. Einen Neuanfang gibt es nie ohne ein Ende. Ich muss etwas abschließen können, bevor ich etwas Neues starte.«

Wie wir das Scheitern sehen, ist immer abhängig von der individuellen Wahrnehmung. Unser Umfeld spielt dabei eine tragende Rolle, wobei wir immer im Hinterkopf behalten müssen: Nur weil ein anderer denkt, wir wären gescheitert und uns als Versager betitelt, heißt das noch lange nicht, dass das stimmt. Wir haben das letzte Wort und solange wir uns nicht geschlagen geben, sind wir auch niemals gescheitert. »Was von außen kommt, ist immer gefärbt von den persönlichen Erfahrungen. Wir wissen nie, was eine andere Person durchmachen musste und kennen die Geschichte der anderen Person nicht«, findet Anne.

»Wie bist du mit deiner Insolvenz umgegangen? Wie lief das ab?«

»Es gibt bei jedem Menschen nach einem groben Scheitern einen kurzen Moment, in dem sein Weltbild wackelt und er stark an sich selbst zweifelt – und mit einer Insolvenz wackelt das eigene Weltbild wirklich gewaltig, weil man von heute auf morgen in ein System kommt, das man nicht kennt. Ohne Insolvenz bin ich selbstbestimmt, mit Insolvenz muss ich alles, was ich mache, absegnen lassen. Viele Selbstverständlichkeiten fallen weg: Ich habe keine EC-Karte mehr, kriege keinen Handyvertrag et cetera. Ich habe mir dann ›Verzweiflungstage‹ eingeräumt: Einmal in der Woche habe ich mir erlaubt, komplett verzweifelt zu sein, aber am Ende des Tages schenkte ich mir ein Glas Rotwein ein und sagte zu mir: ›So, jetzt sind wir fertig mit dem Verzweifeltsein – was machen wir morgen?‹ Dieses Druckventil in regelmäßigen Abständen zu öffnen, war ganz wichtig für mich.«

Die Familie und ihre Erziehung haben für Anne beim Umgang mit ihrer Situation eine wesentliche Rolle gespielt.

> »Ich hatte in meiner Familie viele Vorbilder für den Umgang mit Scheitern und Rückschlägen. Den Ansatz ›Ich bin gescheitert, jetzt gebe ich auf‹ gab es in unserer Familie nicht. So hat niemand bei uns gedacht. Bei uns ist es nicht schlimm, wenn jemand etwas nicht schafft. Es ist nur schlimm, wenn man daraus nicht lernt und nicht wieder aufsteht. Der Umgang mit dem Scheitern ist das Entscheidende. Man muss aktiv werden und darf sich nicht hängenlassen – das klingt natürlich einfacher, als es ist. Das Elternhaus und die Erziehung spielen eine große Rolle im Umgang mit dem Scheitern. Die meisten Erwachsenen versuchen, Schwierigkeiten und Herausforderungen von den Kindern fernzuhalten, statt ihnen zu zeigen, wie man mit Schwierigkeiten umgeht. Ich sehe da eine große Lücke in der Erziehung. Wenn ich immer eine heile Welt vorspiele, beraube ich die Heranwachsenden der Chance zu verstehen: Scheitern stellt einen Teil unseres Lebens dar, es gehört dazu und wir können damit umgehen und weitermachen. Unser größtes Problem ist oft, dass wir uns selbst bekämpfen, wenn es schwierig wird. Wir machen uns dafür schlecht, dass wir Angst haben und verkrampfen, statt nach einem anderen Weg zu suchen.«

Annes Perspektive zum Thema Scheitern ist da wahrlich wohltuend. Und durch ihre Erfahrung, kann sie auch getrost behaupten: »Wenn ich einmal gescheitert bin und es geschafft habe, wieder aufzustehen, dann nimmt mir das automatisch die Angst vorm Scheitern, weil ich weiß, wozu ich imstande bin.« Besonders wichtig für sie ist, dass man sich selbst nicht so ernst nimmt. Sie meint: »Solange man (über sich selbst) lachen kann und ein paar Leute im Umfeld hat, die einem trotzdem vertrauen, kommt man auch aus den tiefsten Tälern wieder raus. «

Was das Scheitern im geschäftlichen Kontext betrifft, hebt Anne hervor, dass es nie als Ausschlusskriterium gelten darf, weil wir immer

Menschen brauchen, die den Mut haben, nach vorne zu gehen. Und sobald Scheitern zu einem Ausschlusskriterium wird, kommen uns solche Menschen abhanden, was gravierende Konsequenzen hat: »Das Schlimmste für Unternehmen sind zum Beispiel Mitarbeiter, die Angst davor haben zu scheitern. Denn Unternehmen verlieren dadurch die Möglichkeit, sich einen Vorsprung zu verschaffen. Wenn ich mich nichts traue, aus Angst schlecht dabei auszusehen und zu stolpern, kommt zwangsläufig jemand anders, der es wagt und ich habe meine Chance verspielt. Es ist auch immer die Frage, worauf wir unseren Fokus richten wollen. Ich frage mich immer, auch in den schwierigsten Phasen: ›Was bleibt mir noch?‹ – Und bin dankbar dafür.«

»Wie hängen Scheitern und Erfolg für dich zusammen?«

> »Durch das Scheitern ändert sich unsere Vorstellung von Erfolg. Oft wird sie griffiger, ist weniger vom Umfeld, von Karriere und materiellen Gütern abhängig, als es häufig vorher der Fall war. Erfolgreich ist für mich persönlich immer der, der Zufriedenheit mit der Situation findet, in der er sich befindet.«

»Hast du noch einen finalen Tipp für den Leser?«

> »Ich empfehle meinen Kindern immer, alles auszuprobieren, woran sie echte Freude verspüren könnten. Nur so können sie herausfinden, was ihnen Erfüllung bringt. Gleichzeitig rate ich aber auch, den Mut zu haben, einen Traum zu revidieren, wenn man merkt: Das ist doch nicht das, was ich machen möchte. Es hilft niemandem, etwas bis ins Unendliche durchzuziehen, weil man meint, ein Kurswechsel wäre nicht möglich. Man darf sich selbst nicht in seinem Traum verlieren.«

ATTILA VON UNRUH – RAUS AUS DER OPFERROLLE

Wie Anne sagt auch Attila von Unruh: »Scheitern bedeutet für jeden etwas anderes.« Er ist heute systemischer Coach, der sich auf Krisen- und Sanierungsberatung spezialisiert hat. Aus seiner eigenen Erfahrung des Scheiterns heraus – Attila hat ebenfalls eine Insolvenz durchgemacht – hat er sich zwangsläufig sehr intensiv mit diesem Thema auseinandergesetzt.

Zwei Jahrzehnte lang war Attila von Unruh Unternehmer, hat diverse Unternehmen aufgebaut und kurz vor der Jahrtausendwende ein erfolgreiches Unternehmen verkauft. Als ehemaliger Geschäftsführer hing er jedoch noch in persönlichen Bürgschaften fest, für die er nach und nach freigestellt werden sollte. Doch der Käufer musste Insolvenz anmelden, was dazu führte, dass diese Bürgschaften mit einem Schlag fällig wurden. Attilas langjährige Partner und Geschäftskunden drückten zwar ihr Bedauern aus, verlangten aber, dass er das Geld aufbrachte. Fünf Jahre kämpfte Attila, er versuchte Wege zu finden, eine Lösung mit den Gläubigern herzustellen, bot Vergleiche an. Niemals zog er in dieser Zeit in Erwägung, Insolvenz anzumelden, weil das für ihn bedeutet hätte, als Unternehmer gescheitert zu sein. »Und das wollte ich nicht. Ich wollte Lösungen finden, aber nie den Offenbarungseid leisten.«

Doch im Jahr 2005 musste er doch Privatinsolvenz anmelden. »Ich hatte keine Ahnung, was da auf mich zukommt. Mir war nie klar, wie stigmatisiert das Thema in der Gesellschaft ist. Ich dachte, ich kann nach vorne schauen, bin den Druck los und darf etwas Neues starten.« Der Alltag sah aber ganz anders aus: Der Handyvertrag und das Konto wurden gekündigt, Bestellungen im Internet waren kaum noch möglich, der Insolvenzverwalter untersagte jegliches Ausüben einer selbstständigen Tätigkeit und jede Möglichkeit eines Neustarts und damit die Chance, die Schulden aus eigener Kraft zurückzahlen zu können, wurden verwehrt.

»Das war schon ein harter Schlag, den ich anfangs sehr persönlich genommen habe. Aus Verzweiflung habe ich dann im Internet danach gesucht, wie andere damit umgehen und musste feststellen, dass es keine Organisation oder Einrichtung gab, die Menschen zusammenbringt, die in einer Insolvenz stecken. Als ich mit einem Bekannten, der Ähnliches erlebt hat, sehr offen über das Thema sprechen konnte, und mir nicht irgendwelche Positivdenken-Floskeln um die Ohren geschlagen wurden, habe ich festgestellt, wie gut das tut und wie wichtig das für mich ist. Es macht schon etwas mit dem Selbstwertgefühl, wenn du etwas für 5 Euro online bestellen willst und dann eine Absage bekommst. Das führt schnell in eine Abwärtsspirale: Man will sein Gesicht wahren und spricht nicht viel darüber, isoliert sich, fühlt sich schlecht, macht sich selbst nieder und das Selbstwertgefühl nimmt zunehmend ab. Daraus kann ich nur ausbrechen, indem ich mich öffne und es mit jemandem teile. Und weil ich das erkannt habe, habe ich mich 2007 entschlossen selbst eine Initiative zu gründen (»Die Anonymen Insolvenzler«), damit Leute in einer vertraulichen Umgebung über ihre Lage sprechen können. Ich bin dann als Selbstbetroffener damit in die Öffentlichkeit gegangen, habe mit einer Journalistin gesprochen.«

Wie bei Anne war das Echo überwältigend. Attila wurde mit Presseanfragen überflutet und zu den Treffen kamen große Menschenmengen. »Ich war damals schon überrascht, wen es alles treffen kann. Da saßen so viele gestandene Persönlichkeiten vor mir, die meisten gut gekleidet, und sprachen über ihre Erfahrung und ihre Insolvenz. Dadurch habe ich schnell gemerkt: Scheitern schließt niemanden aus.«

Daraus ist Attilas Sozialunternehmen TEAM U entstanden, das Unternehmern in finanziellen und unternehmerischen Krisensituationen Beratung und Orientierung bietet. Team U macht sich für eine Kultur der zweiten Chance stark. »Ich habe aus diesem empfundenen Mangel dann eine Stärke entwickelt.«

Die eigene Wahrnehmung ist auch für Attila wesentlich für den Umgang und die Einordnung des Scheiterns. Er meint: »Wenn ich mir Ziele setze und sie nicht erreiche, kann ich das als Scheitern einordnen – im Kleinen wie im Großen. Die entscheidende Frage ist allerdings immer: Wie bewerte ich das, was mir widerfahren ist? Die Frage der Bewertung hilft dabei, den richtigen Maßstab zu finden; es ist immer eine Auslegungssache, ob ich etwas als gelungen oder misslungen erachte.«

»Was hast du durch deine Erfahrung des Scheiterns gelernt?«

> »Wenn ich eine wirklich große Krise durchmache, komme ich an einen Punkt – ich nenne ihn das Tal der Tränen – an dem ich das niedergeschlagene Gefühl zulasse und mich diesem Gefühl hingebe. Nur durch das Zulassen dieses Gefühls kann ich loslassen, nach vorne blicken und einen Neustart wagen. Wenn ich nicht loslasse, hat es keinen Sinn, sich direkt in etwas Neues stürzen zu wollen. Das ist in Beziehungen, im Unternehmertum und in allen anderen Bereichen gleich. Ich muss erst den Raum schaffen, etwas Neues entwickeln zu können, und das gelingt mir nicht, wenn ich noch viele Altlasten mit mir herumschleppe.«

»Eigentlich müssten wir doch gerade in Deutschland eine besondere Sensibilität für das Thema Scheitern haben, nachdem wir im letzten Jahrhundert eine zweite Chance erhalten haben und uns wieder auf die Beine geholfen wurde. Wieso ist, vor allem bei Insolvenzen, eher das Gegenteil der Fall?«

> »Wir haben hier in Deutschland leider einen anderen Ansatz, was das Thema Scheitern, vor allem finanziell und unternehmerisch, betrifft. Wir sprechen von Schulden, Schuldnern und Schuld, die wir auf uns nehmen und durch die wir uns schuldig machen können. Deswegen ist das Insolvenzrecht in Deutschland auch im Strafrecht verwurzelt. Eine zweite Chance zu bekommen, ist in

Deutschland unheimlich schwer – da werden einem viele, viele Steine in den Weg gelegt. Und das ist, wie du schon sagtest, interessant, wenn man bedenkt, dass unserem Land nach einem großen Scheitern auch eine neue Chance eingeräumt wurde. In England und Amerika wird mit dem Thema zum Beispiel ganz anders umgegangen. Da helfen dir die Behörden dabei, möglichst schnell wieder auf die Beine zu kommen. Der Blick auf jemanden, der mit einem Vorhaben gescheitert ist, ist ein ganz anderer. Ich wurde hier aus der Bank rausgeworfen, als ich ein neues Konto nach der Insolvenz eröffnen wollte. Du bekommst hier fast das Gefühl vermittelt, du wärst ein Krimineller. Und das ist natürlich tödlich, weil wir dadurch hochbegabte Menschen mit tollen Gründungsideen vergraulen, weil die sich sagen: ›Wenn das nicht klappen sollte, dann zeigen die Leute mit dem Finger auf mich und ich kann erst einmal sechs Jahre lang keinen Neustart machen.‹ Kein Wunder, dass große Innovationen in unserem Land vermehrt ausbleiben und wir dafür primär ins Silicon Valley schauen müssen. Die Risikobereitschaft ist nun einmal eine andere, wenn ich weiß, dass ich im Falle eines Scheiterns anders aufgefangen werde. Es hemmt Menschen, sich zu verwirklichen und sich zu entfalten, da sie wissen, was ihnen blühen könnte. Dadurch leben viele Menschen unter ihrem Potenzial und gehen den sicheren Weg, statt ihre kühnsten Träume zu verfolgen. Es wäre sicherlich nicht verkehrt, sich zumindest eine kleine Scheibe vom amerikanischen Ansatz des Scheiterns abzuschneiden. Wenn du da einmal hinfällst, heißt es: »Okay, what's the problem? Dann mache ich halt etwas anderes.‹«

»Welche Erkenntnisse können wir deiner Erfahrung nach durch das Scheitern ziehen?«

»Misserfolg ist eine große Reflexionsmöglichkeit. Ich sah mich plötzlich gezwungen, mir die Fragen zu stellen: Wer bin ich, wenn ich nicht mehr länger der angesehene Geschäftsführer bin? Worüber definiere ich mich eigentlich? Das Wichtigste ist, im Scheitern keine Opferrolle einzunehmen, denn dadurch wird sich nie etwas verändern. Ich habe so nie das Steuer selbst in der Hand und kann nie fragen: Was kann und werde ich an dieser Situation ändern? Als Erstes kann ich meine Einstellung der Situation gegenüber umkrempeln. Ich muss sie akzeptieren, um eine andere Perspektive und Bewertung gewinnen zu können. Es hilft, das Gute im Schlechten zu suchen, weil es das Urteil ändert und eine Stärke schafft: Ich trauere dem Vergangenen nicht mehr nach, sondern schaue nach vorne und richte den Blick auf das, was mir erhalten geblieben ist. Den Wind kann ich nie ändern, aber die Segel darf ich selbst neu ausrichten.«

»Ich habe ab und zu das Gefühl, dass Scheitern so ein bisschen in Mode geraten ist, ganz nach dem Motto: dream big, fail big, live big. Muss ich einmal richtig gescheitert sein, um Erfolg haben zu können?«

»Ich bin dagegen, Scheitern auf ein Podest zu heben und zu sagen: Es ist total geil zu scheitern. Das ist Quatsch. Es tut weh, wenn man scheitert. Ich bin ein Freund davon, aus Fehlern zu lernen, aber nicht davon zu sagen: Scheitere ruhig erst einmal richtig und danach wird es schon klappen. Du kannst 20 Mal scheitern, ohne etwas daraus zu lernen. Und du kannst Erfolg haben, ohne jemals selbst richtig auf die Schnauze gefallen zu sein. Das Scheitern hat keinen Wert an sich; es geht darum, was wir aus der Erfahrung machen und wie wir damit umzugehen lernen. Klar kann es uns deutlich stärker und resistenter machen, aber es ist keine notwendige Erfolgsbedingung. Natürlich wird jeder Mensch, der große Ziele verfolgt, auch mit Rückschlägen und kurzzeitigem Misserfolg konfrontiert. Der Weg zum Erfolg ist nie linear. Der Schlüssel besteht darin, die richtigen Schlüsse aus dem Scheitern zu ziehen und dann stärker zurückzukommen.«

DIE NEUE TÜR FINDEN

Wer zu den Besten zählen will, muss bereit sein Wagnisse einzugehen. Nach jedem Rückschlag, jedem Straucheln oder jeder Verletzung ist es entscheidend, danach stärker oder reflektierter zu sein als zuvor. Wie Nobelpreisträger Samuel Beckett schrieb: »Immer versucht. Immer gescheitert. Einerlei. Wieder versuchen. Wieder scheitern. Besser scheitern.« Nur wie gelingt uns das?

Die Angst vor dem Scheitern paralysiert. Wer Großes wagt, geht automatisch gewisse Risiken ein und nimmt die Bruchlandung in Kauf. Sich davon nicht zurückhalten zu lassen und trotzdem zu handeln, macht erfolgreiche Millennials aus.

Unter dem Strich zählt weder der Kritiker noch der Kommentator. Es geht um das, was Theodore Roosevelt in dem Zitat sagt, das zu Beginn dieses Buchs abgedruckt ist:

> »Die Ehre gebührt dem [...], der sich irrt, wieder und wieder scheitert, weil es kein Fortkommen ohne Irrtum und Fehler gibt; [...] der für eine Sache, die es wert ist, alles gibt; der im besten Falle schließlich den Triumph einer großen Leistung kennenlernt und im schlimmsten Fall scheitert, weil er Großes gewagt hat, so dass sein Platz niemals bei den kalten, furchtsamen Seelen ist, die weder Sieg noch Niederlage kennen.«

Wer aufgrund von Zweifeln oder aus Angst nie das tut, wofür sein Herz schlägt, der ist gescheitert. Jede Krise birgt die Chance, neue Potenziale zu entdecken, Stärke und Rückhalt zu finden und als Person zu reifen. Es ist kein Zufall, dass die größten menschlichen Errungenschaften, Kunstwerke, Symphonien und literarischen Werke aufgrund oder während einer besonders dunklen Phase entstanden sind. Nobelpreisträger Daniel Kahneman hat in diversen Studien, die er in seinem anregenden Werk *Schnelles Denken, Langsames Denken* genauer erläutert, gezeigt: Wir denken tiefgründiger, klarer und vernünftiger, wenn wir uns in einer eher melancholisch-reflexiven Phase befinden und oberflächlicher, fehlerhafter und impulsiver, wenn wir zu euphorisch sind.

Das temporäre Scheitern nicht persönlich zu nehmen, von der Goldfisch- in die Helikopterperspektive zu wechseln und Abstand zu gewinnen, um reflektiert agieren zu können, ist die Grundlage dafür, nicht nur aufzustehen, sondern auch kraftvoll weiterzugehen.

MISSERFOLG ALS ANTRIEB

Den Antrieb, den uns eine Demütigung, eine Niederlage, eine Pleite oder eine andere Form des Scheiterns ermöglichen kann, ist von unmessbarem Wert. Paula Schwarz verglich es mit einem Tumor, der gefühlt in ihrem Nacken saß, der sie zu unmenschlichem Tatendrang antrieb. Aus dem Misserfolg einen Erfolg, aus der Schwäche eine Stärke machen zu wollen, war schon immer einer der größten Antriebe des Menschen. Ein Mangel will ausgeglichen werden – das lehrt uns nicht nur Emerson in seinem Essay über die Kompensation und Aristoteles in seinem Werk *Physik*, sondern auch die Natur und der Körper (zum Beispiel Wärmeübertragung oder Energiehaushalt). Chris Tall nutzte beispielsweise seinen schwärzesten Auftritt als Motivationsquelle und hat eine wichtige Lektion gelernt: sich nie aus dem Konzept bringen zu lassen, egal wer vor ihm sitzt.

Anne Koark und Attila von Unruh berichteten beide, dass die große Bruchlandung sich so bescheiden anfühlt, dass es sich kaum in Worte fassen lässt. Doch sie haben es geschafft, sich davon zu erholen, sie sind wieder auf die Beine gekommen und erkannten, dass das Leben weitergeht. Das half ihnen dabei, sich einer Sache zu entledigen: der Angst, dass wieder etwas schiefläuft. Dadurch haben sie Vertrauen gefasst, auch zukünftige Rückschläge und Krisen meistern zu können. Was sie früher kurzzeitig aus der Bahn geworfen hätte, lächeln sie heute weg. Wem jedoch immer eine heile Welt vorgespielt wird – was Anne an der gängigen Erziehung bemängelt und was Simon Sinek als eine der Hauptursachen der Millennial Question ausmacht –, der kann an der kleinsten Krise zerschellen, weil er darauf schlichtweg nicht gut genug vorbereitet ist.

Es lassen sich zwei Formen des Scheiterns unterscheiden, wobei nur eine unsere Widerstandsfähigkeit stärkt. Die Erste hat Attila als das größte Scheitern überhaupt identifiziert: auf den perfekten Moment (Kairos) zu warten oder aus Unsicherheit zu zögern und in der Folge nie ins Handeln zu kommen. Von diesem Scheitern können wir rein gar nichts lernen und das Einzige, was dadurch erreicht wird, ist das Begräbnis unseres Traums. Die zweite Form des Scheiterns trifft immer nur den, der sich traut, Dinge auszuprobieren, weit außerhalb seiner Komfortzone, und der dabei immer wieder hinfällt. Dieses Scheitern schmerzt zwar auch, doch es stärkt zugleich: Es stärkt den inneren Glauben, die Zuversicht, den rechten Pfad für das eigene Vorhaben noch aufspüren zu können, und es bereichert den Erfahrungsschatz. Die Besten ihres Fachs sind diejenigen, die den schweren Weg gehen mussten, um dorthin zu kommen, wo sie gerade stehen. »Qualität kann immer nur von Qual kommen«, hat mir Wolf Schneider einmal gesagt. Diejenigen, die für ihr Tun kritisiert wurden, deren Vorhaben belächelt und angezweifelt wurden, die gescheitert sind und trotzdem weitergemacht haben – einige ihrer Vertreter haben es in dieses Buch geschafft – ermutigen andere, ebenso konsequent und hartnäckig für die Verwirklichung ihrer Träume zu kämpfen.

DIE PERSPEKTIVE ÄNDERN UND DEN NUTZEN ERKENNEN

Essenziell für die Widerstandsfähigkeit ist die persönliche Einstellung. Wer mit sich selbst und dem Leben hadert, nur weil es mal nicht läuft wie erwartet oder geplant, kann nicht aus eigener Kraft wieder auf die Beine kommen. Wer sich als Opfer der Umstände identifiziert, gibt die Verantwortung für sein Leben aus der Hand. Das führt dazu, dass andere über seinen Weg bestimmen können. Wer will das schon? Niemand wird durch Zufall erfolgreich und keiner fällt ohne eigene Beteiligung hin. Wer nur dem Lob für den Erfolg hinterherlechzt und die Kritik des Misserfolgs um jeden Preis meiden will, ist des Scheiterns Lieblingsopfer.

Bei der Einordnung des Rückschlags spielt die Einstellung eine zentrale Rolle und sie ist ein ausschlaggebender Faktor, um sich wieder aufzurappeln. Lencke Steiner beispielsweise nimmt Scheitern weder allzu ernst noch persönlich. Sie ist überzeugt davon, dass sich eine bessere Möglichkeit für sie auftun wird. Wer sich wie sie nicht klein kriegen lässt, weil er überzeugt ist, auf ihn warte noch etwas Besseres, zeigt das in seinem Handeln wie in seinem Auftreten. Wer hingegen glaubt, das Schicksal sei gegen ihn, steckt den Kopf schneller in den Sand und wagt es nicht, sich erneut aufzuraffen.

Die Stärke der jungen Überflieger liegt darin, aus einem Scheitern eine Trotzreaktion zu katalysieren, die sich oft als Ursprung des nächsten großen Sprungs entpuppt.

Bei einem Gespräch mit Dr. John Demartini meinte er zu diesem Thema:

> »Die meisten Menschen, die sich als gescheitert ansehen, vergleichen sich zu viel. Wenn wir unserem eigenen Plan treu sind, können wir nicht final scheitern, weil wir immer wieder aufstehen und weitermachen. Ich stelle mir bei jedem Rückschlag die Frage: ›Wieso ist das in meinem Leben passiert? Was ist die Botschaft für mich? Wie hilft es mir in Zukunft dabei, meine Ziele zu erreichen und meinen Plan umzusetzen?‹ Oft werden wir mit Rückschlägen

und Kritik konfrontiert, wenn wir zu euphorisch sind, abheben, uns stolz fühlen. Dann müssen wir zwangsläufig wieder geerdet werden. Wenn wir uns selbst erhöhen, kommt immer jemand oder es passiert etwas, das uns wieder ausgleicht. Wenn wir einfach nur unseren Plan verfolgen, ohne uns ablenken zu lassen, ohne zu sehr auf uns selbst zu schauen und ohne uns nach Anerkennung und Lob zu sehnen, dann sind wir automatisch ausgeglichen und brauchen niemand anderen, der uns von unserem Höhenflug runterholt.«

GRÖSSER ALS DAS SCHEITERN SEIN

Drei Dinge möchte ich abschließend festhalten:

1. Die Zeit ist immer reif, uns einem Traum zu widmen, der uns so viel bedeutet, dass wir jegliche Angst vor einem möglichen Misserfolg verlieren. Rückschläge wird es immer geben, doch wenn uns die Verwirklichung unserer Ziele wirklich wichtig ist, ist Aufhören schlichtweg keine Option.
2. Die Art der Motivation ist der Schlüssel. Wenn wir eine Sache nur wegen der Anerkennung, des Applauses, der Verkaufszahlen, der positiven Kritiken machen, können wir damit nur scheitern. Unsere Einstellung ist entscheidend, also wie wir unsere Aufgaben und an Herausforderungen herangehen. Es liegt allein in unserer Hand. Wenn wir unseren Erfolg von anderen und deren Meinung abhängig machen, führt das nur zu emotionaler Labilität und innerer Unzufriedenheit. Wir können nach einem Rückschlag nur aufstehen und noch stärker zurückkommen, wenn wir davon angetrieben werden, unsere eigenen Standards zu erfüllen und unser Bestes zu geben. Dann lassen wir die Welt entscheiden, was sie damit anfangen will – allerdings ohne uns davon aus der Spur bringen zu lassen. Lob und nette Worte sind schön, aber sie dürfen nicht über unseren Erfolg oder unser Scheitern entscheiden.

3. Übermäßiger Stolz kann das Scheitern zu einer endlosen Prozedur machen. Nur wer sich traut, nach einem Rettungsring zu rufen, wenn es brenzlig wird, kann das rettende Ufer erreichen. Zu glauben, immer stark sein zu müssen, bewirkt das Gegenteil. Ein Scheitern verbergen zu wollen, macht es nur schlimmer. Hinfallen ist für jeden unangenehm, kein Zweifel. Die Frage ist nur: Wollen wir wie Andreas Kunze ein Learning-Buch führen, um daraus zu lernen? Wollen wir wie Lencke Steiner den größeren Nutzen und die bessere Option sehen, die noch auf uns wartet? Wollen wir wie Andreas Wolff genau deshalb noch eine Schippe drauflegen? Oder wollen wir so tun, als wäre nichts, und auf diese Weise ein noch größeres Übel erzeugen, das uns weit länger begleitet als nötig?

IMPULSE DER ÜBERFLIEGER UND TIEFFLIEGER

- »Es ist okay, Fehler zu machen, das macht Menschsein aus. Es geht darum, was man daraus macht und wie man damit umgeht. Shit happens – aber nur selten zweimal am selben Ort. Wenn etwas schiefgelaufen ist, weiß man, woran man arbeiten muss und wie man besser werden kann.«

  Anne Koark

- »Ich würde jedem raten, trotzdem sein Ding zu machen und es zu versuchen, auch wenn es scheitern kann. Meiner Ansicht nach ist es immer noch besser, es versucht zu haben, als immer auf Nummer sicher zu gehen. Leute, die zurückblicken, bereuen am meisten, ihr Leben nicht gelebt zu haben. Und das ist für mich das größte Scheitern.«

  Attila von Unruh

- »Ich sehe Fehler und Niederlagen nicht als deprimierend an und glaube, dass jeder Stein, der mir in den Weg gerollt wird, auch als Meilenstein zu sehen ist – daraus kann ich etwas Neues basteln. Schwierige Phasen ermöglichen immer auch einen anderen Blickwinkel einzunehmen.«

  Lencke Steiner

TEIL 3: VIELFLIEGER – MENTOREN UND VORBILDER

9. AUS DEN ERFAHRUNGEN ANDERER LERNEN

»Ihr seid alle Idioten zu glauben, aus Eurer Erfahrung etwas lernen zu können, ich ziehe es vor, aus den Fehlern anderer zu lernen, um eigene Fehler zu vermeiden.«

Otto von Bismarck

Ein Mentor, ein Trainer, ein Lehrer oder ein Vorbild kann unsere Entwicklung beschleunigen und prägen. Von jemandem unter die Fittiche genommen zu werden, der schon mehr gesehen, erlebt und erreicht hat, motiviert nicht nur, sondern kurbelt auch den Reifungsprozess an und hilft dabei, herausfordernde Phasen gut zu meistern.

Dass das Thema Mentoring immer bedeutsamer und präsenter wird, liegt auch an uns Millennials. Weil wir danach streben, manche Wege schneller zu gehen, wissen wollen, wie wir noch besser werden können und nicht hinterherhinken möchten, lautet unser Credo: Wir wollen von den Besten lernen. Daher suchen wir nach Personen, die uns weiterbringen können. Deshalb sprießen auch immer mehr Förderprogramme für junge Talente und Start-ups aus dem Boden.

Um diesem Credo selbst gerecht zu werden und ambitionierten Millennials sowie allen anderen Interessierten Zugang zu großen Förderern von jungen Menschen und deren Ansätzen zu verschaffen, habe ich mich ausführlich mit meinen eigenen Mentoren unterhalten, die

Mentoren meiner Mentoren getroffen und mit den jungen Überfliegern über ihre Mentoren und größten Förderer gesprochen.

Als Erstes stellt sich dabei die Frage: Was macht einen guten Mentor aus? Wie in Kapitel 7 bereits angedeutet, hilft Feedback dabei, blinde Flecke zu reduzieren und die Entwicklung voranzutreiben. Gute Mentoren bestechen unter anderem durch ihre Fähigkeit, Feedback zu geben, das dem Gegenüber hilft, Blockaden zu lösen und das nächste Level zu erreichen. Ein guter Mentor versteht es, durch die richtigen Fragen und Impulse die nötigen Erkenntnisse anzustoßen. Das Wichtigste ist: Ein guter Mentor sieht mehr in seinem Mentee als dieser selbst, hat eine größere Vision für dessen weiteren Weg und beflügelt ihn dadurch, größer zu denken und zu handeln. Er befähigt ihn auf diese Weise, mit ganz anderem Selbstvertrauen und stärkerem Glauben aufzutreten.

Ein guter Mentor ist jemand, der aufgrund seiner Erfahrung und seiner Errungenschaften auf einem festen Grund steht, der es ihm ermöglicht, andere ebenfalls mit nach oben zu hieven. Es liegt in der Natur eines erfolgreichen Menschen, wie er in Kapitel 1 beschrieben wurde, den ambitionierten Nachwuchs ebenfalls erfolgreich machen zu wollen. Er will sein wertvolles Know-how weitergeben, wenn er merkt, da ist jemand, der will es wirklich wissen, möchte lernen und will vor allem auch umsetzen und anwenden, was er lernen darf.

Fast alle jungen Überflieger haben im Interview hervorgehoben, wie wichtig ein Mentor oder ein Förderer, der an sie glaubte, für sie und ihre Entwicklung war. Interessanterweise haben die beiden jungen Überflieger, die explizit von der Abwesenheit eines Mentors in jungen Jahren sprachen, Kontra K und Lencke Steiner, selbst sehr früh eine Mentorenrolle für andere übernommen.

Da ein Mentor in der Regel bereits einen weiten Weg hinter sich hat und sich dabei naturgemäß selbst ein paar Mal verlaufen hat, ist er der perfekte Reisebegleiter – zumindest für einen gewissen Wegabschnitt.

Seine Ratschläge können uns davon abhalten, in ähnliche Fallen zu tappen wie er, er kann uns potenzielle Schnellstraßen zeigen und in vielen Fällen Kontakte zu anderen inspirierenden Menschen herstellen.

MARCO JANEZIC – AUS SCHABLONEN AUSBRECHEN

Seit es uns Millennials gibt, baut Marco Janezic schon erfolgreich Unternehmen auf. Marco wird vom »unternehmerischen Akt« angetrieben. Die Frage, die ihn dabei besonders interessiert: Was macht ein Unternehmen erfolgreich und wie kann man es noch erfolgreicher machen? »Darin war ich sehr gut und so habe ich angefangen, eigene Unternehmen zu gründen, aufzubauen, mich an Unternehmen anderer zu beteiligen und manche wieder zu verkaufen. Es macht einfach Spaß etwas aufzubauen, das dann im Wert steigt. Eine gute Idee auch umzusetzen, bereitet mir am meisten Freude.«

Am liebsten arbeitet Marco mit Menschen, die nicht »wie der Großteil heute versuchen, sich in irgendwelche Schablonen zu pressen und den klassischen Weg für den Lebenslauf gehen«. Das mag unter anderem daran liegen, dass er auch nicht unbedingt den konventionellen Weg gegangen ist. In Oxford hat er Theoretische Physik und Philosophie studiert, meinte aber, er wäre mehrfach beinahe rausgeflogen, weil er so viele Flausen im Kopf hatte.

> »Mein eigenes Vorbild war, seit ich denken kann, Richard Branson. Als er sich vor Kurzem an einer meiner Firma beteiligt hat, hat mir eine gute Freundin geschrieben, die mich seit 20 Jahren kennt, und meinte: ›Das wurde jetzt aber auch Zeit.‹ Da habe ich gefragt: ›Wieso? Wie meinst du das?‹ Und sie hat geantwortet: ›Ich kann mich gar nicht erinnern, wie oft ich in London mit dir am Haus von Richard Branson vorbeilaufen musste und du mir immer erzählt hast: Mit dem werde ich mal ein Geschäft machen.‹«

Was macht Marco zu einem guten Mentor und wie kam er überhaupt dazu?

»Dadurch, dass ich einige Firmen gründen und aufbauen durfte und dabei viele Erfahrungen gesammelt habe, habe ich auch schnell festgestellt, wie wichtig das Thema Mentoring ist. Oft kommen Start-ups und junge Unternehmerteams zu mir und wir sprechen über ihre Idee und ihren Umsetzungsplan und überlegen, wie wir das Ding zum Fliegen bringen können. In den meisten Fällen geht es dann einfach nur darum, die richtigen Fragen zu stellen, die richtigen Impulse zu geben, eine gewisse Stimmung zu erzeugen und ein paar Ängste zu nehmen – das kann einen erheblichen Unterschied machen. Die ganze Erfahrung des Gründens, des Aufbauens, des Scheiterns, die ich über mehr als anderthalb Jahrzehnte sammeln durfte, gibt mir ein sehr gutes Fingerspitzengefühl und ermöglicht mir, gewisse Dinge zu lesen, zu erkennen und wenn nötig, kritisch zu hinterfragen.«

Einem bestimmten Schema mit klaren Kriterien, auf wen er sich einlässt und wen er fördert, folgt Marco nicht. Zwei Dinge sind jedoch für ihn besonders wichtig: Das Projekt muss ihm Spaß machen und er muss an die Leute glauben können. »Manche Projekte unterstütze ich, weil die Leute richtig gut sind und es verdient haben, etwas Gutes auf die Beine zu stellen. Gute Leute sind für mich integer, authentisch, versuchen nicht zu blenden und haben etwas auf dem Kasten. Ich mag Leute, die nicht linear sind und alles für den Lebenslauf gemacht haben, mich sprechen Leute mit einer abgefahrenen Story an, weil das Menschen sind, die sich für etwas begeistern können und diese Begeisterung auch kanalisieren können.«

»Ich habe bei vielen jungen Leuten das Gefühl, sie haben Angst davor, sich zu verzetteln und zu viel auf einmal zu machen. Wie schaffst du es, deine vielen Projekte unter einen Hut zu bekommen?«

> »Ich setze mich jeden Morgen hin und stelle mir die Frage: Was sind die 1 oder 2 Dinge, die ich (heute) signifikant nach vorne bringen kann? Und genau das mache ich dann. Das schafft sehr viel Klarheit für mich.«

Erfolg bedeutet für Marco: »Health, Wealth and Happiness. Ich will gesund sein, ausreichend Geld haben und glücklich sein. So gehe ich auch an alle Projekte und Entscheidungen ran: Wenn ich feststelle, dass eine Sache zu keinem dieser drei Aspekte positiv beiträgt, entscheide ich mich immer dagegen.«

»Was empfiehlst du jungen Menschen, die sich beständig weiterentwickeln wollen und in ihrem Bereich erfolgreich sein möchten?«

> »Es ist heutzutage nicht leicht dem Schablonendenken, das uns durch Medien und auf anderen Wegen übergestülpt wird, zu entkommen. Die meisten versuchen sich anzupassen. Ich sehe so viele Klone. Es ist schwer für junge Menschen sich diesem Sog zu entziehen und so zu sein, wie sie eigentlich sind. Wenn ich mir etwas für meine Kinder und andere junge Menschen wünschen könnte, dann wäre es, über diese Schablonen hinwegzusehen, sich darüber hinwegzusetzen und so zu sein, wie sie wirklich sind. Ich finde es toll, wenn Menschen das tun, wofür sie brennen, und sich nicht einreden lassen, wofür sie brennen sollen und wie ihr Weg auszusehen hat.«

ANDY GOLDSTEIN – GEBEN, GEBEN, GEBEN

Einen ähnlichen Ansatz und eine vergleichbare Motivation teilt auch Andy Goldstein, der seit über zehn Jahren der Vorsitzende des Entrepreneurship Centers an der Ludwig-Maximilian-Universität ist und Hunderten von Gründern dabei geholfen hat, ihr Geschäft zum Laufen zu bringen und nicht dieselben Fehler zu machen, die ihm unterlaufen sind. Er hat der deutschen Regierung dabei geholfen, einen großen Gründer-Accelerator auf die Beine zu stellen und unterstützt jetzt mit Deloitte Digital große Unternehmen dabei, wie Start-ups zu agieren.

Er ist selbst in einer Unternehmerfamilie groß geworden und hat seit seinem ersten Unternehmen, das er mit 22 Jahren aufgebaut hat, als Unternehmer alles erlebt: schmerzhaftes Scheitern, viele Krisen, Verzweiflung, Schulden, Sanierung, aber auch den großen Erfolg und den Verkauf von Unternehmen. Da Andy selbst sehr früh begonnen hat und sein Entrepreneurship-Professor von der Wharton-Universität ihm als Investor und Mentor zur Seite stand, hat er früh gemerkt, wie groß die Bedeutung eines Mentors – einer Person, die deutlich mehr Erfahrung hat – sein kann. Andy hat sein Wissen und seinen Erfahrungsschatz schon immer gerne an Unis mit ambitionierten jungen Menschen geteilt.

Lachend sagt Andy: »Ich habe immer geglaubt, wenn ich jemandem dabei helfen kann, in nur zwei Jahren zu scheitern, und nicht 14 Jahre dafür zu brauchen, wie es bei mir der Fall war, dann bin ich schon eine große Hilfe. Ich will Start-ups helfen, erfolgreich zu sein.«

Ein ganz wesentlicher Punkt ist für ihn dabei das Thema Scheitern.

> »Es gibt einen Spruch unter Unternehmern, der besagt: Der schnellste Weg zur Spitze (Mastery) besteht darin, möglichst viele Fehler in so kurzer Zeit wie möglich zu machen – und dann daraus zu lernen. Mein Team und ich haben leider nur viele Fehler gemacht und das auch noch über einen langen Zeitraum. Diese Erfahrung hilft jedoch enorm dabei, heute anderen auf die Beine zu helfen, weil ich das selbst alles durchgemacht habe. Am meisten über Business habe ich gelernt, als die Lage so schlimm wurde, dass ich keine andere Wahl hatte, als klar Schiff zu machen und das ganze Chaos aufzuräumen. Das hat drei Jahre gedauert – drei

Jahre, in denen ich meine ganzen Schulden abgearbeitet habe. In dieser Zeit habe ich festgestellt, wie wichtig es ist, die Grundlagen nicht aus den Augen zu verlieren. Leider lernen die meisten von uns viel mehr aus ihren Misserfolgen als durch den Erfolg, weil Erfolg leicht scheint und uns nicht zum Reflektieren zwingt.«

Bevor man sich einen Mentor wünscht, beziehungsweise sich nach einem Mentor umsieht, empfiehlt Andy, sich zu fragen, ob man überhaupt offen für einen Mentor und für eine andere Sichtweise ist. Denn wenn das nicht der Fall ist, macht es laut Andy keinen Sinn, einen Förderer in seinem Leben haben zu wollen. Denjenigen, die offen für einen Mentor sind, gibt Andy gerne folgende Gedanken mit auf den Weg:

»Zuerst geht es darum, den Fokus auf das zu richten, worin man gut ist. Die meisten nehmen einfach nur hin, worin sie gut sind, fokussieren dann aber das, worin sie schlecht sind. Wenn man gut in einer Sache ist, muss man sich ja nicht mehr groß darum kümmern. Ich glaube, andersrum klappt es besser und bringt mehr Erfolg mit sich: Richte den Fokus auf das, worin du wirklich gut bist und bau dein Team so auf, dass die Facetten, in denen du nicht gut bist, von anderen abgedeckt werden. Die Realität ist nun mal: Wir haben alle Schwachstellen, die ersetzt werden sollten. Je jünger wir sind, umso mehr tendieren wir dazu, sie selbst ausgleichen und besser darin werden zu wollen. Mit zunehmendem Alter erkennen wir aber, dass es sinnvoller ist, dieses Vorgehen sein zu lassen und eigene Schwachstellen durch andere auszugleichen. Das heißt nicht, dass man nicht daran arbeiten sollte, besser zu werden. Aber wenn du schnell vorankommen willst, dann handle nach der Maxime: B-Players sollten sich mit A-Playern umgeben. Umgib dich immer mit Menschen, die besser sind und mehr drauf haben als du selbst.«

Es ist das Schönste im Leben, anderen Menschen dabei zu helfen, ebenfalls erfolgreich zu sein.

»Wieso ist es eine Herzensangelegenheit von dir, so vielen jungen Menschen zu helfen?«

»Seit meinem 16. Geburtstag hatte ich diesen Antrieb in mir, die Welt ein Stück besser machen zu wollen. Als ich dann endlich selbst Erfolg hatte, konnte ich nach dem Prinzip handeln:

- Regel 1: Pass auf dich selbst auf.
- Regel 2: Pass auf dich selbst auf, damit du dann auf andere aufpassen kannst.

Wenn du selbst nicht auf sicherem Grund stehst, ist es schwer, anderen nach oben zu helfen. Das lernen wir ja auch bei jedem Flug: Im Falle eines Notfalls sollen wir uns erst selbst die Sauerstoffmaske aufsetzen, damit wir dann anderen helfen können. Das ist das gleiche Prinzip.

Viele Menschen haben sich von mir abgeholt gefühlt, weil ich sehr offen über meine Probleme und schwere Phasen gesprochen habe. Deswegen wurde ich auch oft um Hilfe und Rat gebeten und habe schnell gemerkt: Darin bin ich richtig gut, und ich kann die Welt ein wenig besser machen. Deswegen mache ich es auch so gerne. Ich glaube, du bekommst im Leben etwas, wenn du bereit bist zu geben. So einfach ist es. Mein Ansatz ist deshalb auch: Geben, geben, geben! Ohne sich dabei Sorgen zu machen, wann, wie und ob etwas zurückkommt. Natürlich sollte dadurch nicht der eigene feste Grund zu wackeln beginnen. Es ist das Schönste im Leben, anderen Menschen dabei zu helfen, ebenfalls erfolgreich zu sein. Ich glaube, Menschen motiviert es am meisten, wenn sie realisieren, wozu sie in der Lage sind und es dann auch tun.«

Für Andy ist ein guter Mentor jemand, der an einen glaubt und eine größere Vision für einen hat als man selbst. Deswegen rät er auch: »Such dir jemand, der aus irgendeinem Grund glaubt, du bist noch besser und kannst noch mehr, als du selbst zu glauben wagst. Jeder fällt auf seinem Weg mal auf die Schnauze; niemand ist immun gegen das Scheitern. Aber wenn du scheiterst, helfen dir zwei Dinge am meisten:

1. Etwas zu tun, das dir am Herzen liegt. Wenn es mal richtig beschissen läuft, machst du nur weiter, wenn du eine Sache verfolgst, die dir wirklich wichtig ist. Sonst schmeißt du hin. Das trifft übrigens auch auf Beziehungen zu.
2. Eine Person in deinem Umfeld, die dir freundlich in den Hintern tritt und dir sagt: ›Es ist Zeit mit dem Jammern aufzuhören, steh wieder auf, klopf dir den Dreck ab, du bist kein Jammerlappen, in dir steckt mehr und das gilt es gerade jetzt zu zeigen.‹

Manchmal braucht man jemand, der noch mehr an die eigenen Fähigkeiten glaubt als man selbst. Denn es wird ein Zeitpunkt kommen, an dem man die eigenen Fähigkeiten anzweifelt.«

»Was empfiehlst du den jüngeren Generationen, um in der modernen Welt bei den eigenen Vorhaben erfolgreich zu sein?«

»Drei Dinge:

1. Such solange nach einer Aufgabe und Tätigkeit, bis du etwas gefunden hast, das dir wirklich wichtig ist. Alles im Leben geht irgendwann mal, zumindest zeitweise, den Bach runter. Nichts macht immer nur Spaß und ist immer nur von Erfolg gekrönt. Aber wenn du eine Sache wirklich gerne machst und dafür brennst, wirst du auch in den schwierigsten Phasen weiterkämpfen und nicht aufgeben.
2. Menschen wollen einen Beitrag leisten. Nimm dir Zeit für das Geben. Übe dich darin, mehr zu geben und im Leben anderer von Wert zu sein. Denk dabei nie daran, was für dich rausspringt und was du bekommst.

3. Wenn du eine interessante Person sein willst, dann sei interessiert. Menschen spüren es, wenn du ein echtes Interesse an ihnen hast und ihnen behilflich sein willst. Sie merken auch, wenn dein Interesse nur vorgespielt ist.«

Eines der wichtigsten Dinge, die ich von Marco und Andy lernen durfte – und das trifft auch auf viele andere junge Leute zu, die von den beiden gefördert wurden –, ist ihre besondere Sichtweise: Sie gehen ihre Projekte immer mit der nötigen Seriosität an, verkörpern aber eine angenehme und ansteckende Leichtigkeit. Das liegt daran, dass sie, genau wie Andreas Kunze es beschrieben hat, groß denken und groß handeln. Ein Rückschlag ist für sie dadurch immer temporär und ein Hinweis dafür, dass noch etwas nachgeschärft werden muss. Dass ihr Vorhaben letzten Endes von Erfolg gekrönt sein wird, zweifeln sie nicht an.

PROF. HARALD GUMBILLER – DER WILLE BESSER WERDEN ZU WOLLEN

Wer von den Besten lernen will, der muss auch seinen Teil dafür tun. In jedem Bereich kann man sich mittlerweile autodidaktisch so viel aneignen, dass jemand, der schon weiter ist, es auch spürt und daraufhin seine Hilfe für die weitere Entwicklung anbietet.

Alle Mentoren helfen gerne anderen auf dem Weg zum Erfolg, dennoch darf diese Beziehung keine Einbahnstraße sein. Der Mentor muss von Anfang an spüren, dass sich sein Investment – meist zeitlicher Natur – auch auszahlen wird und der Mentee zuhört, ausprobiert und umsetzt, durch die Bewältigung von Schwierigkeiten besser wird und sich weiterentwickelt. Wenn ein Mentor merkt, er stößt auf jemanden, dessen Glas schon so voll ist, das nichts mehr hineinpasst, wird er auch nichts hinzugießen. Der Wissbegierige und aufrichtig Interessierte, der Lencke Steiners Maxime folgt – mehr tun und weniger reden –, wird auf kurz oder lang auch gefördert. Wer nur Hilfe und Unterstützung erwartet, ohne die Bereitschaft zu zeigen, in Vorleistung zu gehen, wird das allseits bekannte Naturgesetz zu spüren bekommen: Von nichts kommt nichts.

Ein Freund und Vorbild, der über die letzten Jahre mehr als 5000 jungen Ärzten als Mentor auf fachlicher und menschlicher Ebene in ihrer Entwicklung zur Seite stand, Prof. Dr. Harald Gumbiller, meinte, von den Besten zu lernen, sei »ganz einfach: Such dir immer die besten Leute, dann gib alles, so gut zu sein, dass die Besten auch ein Interesse an dir haben und einen Mehrwert daraus ziehen, dir etwas beizubringen und mit dir Zeit zu verbringen; saug alles auf; sei interessierter als alle anderen; sei unermüdlich«.

Ich kenne kaum jemanden, der seine Arbeit mit solchem Elan und solch ansteckender Energie ausübt wie Harald – und das trotz langer und durchgetakteter Arbeitstage. Er hat ein knappes Dutzend Zusatzqualifikationen und ist entsprechend gefragt. Jeden Tag behandelt er neben seinen normalen Patienten auch bis zu zehn Spitzensportler.

Wenn es um die Auswahl von Lehrern, Trainern und Mentoren geht, empfiehlt er, immer auf drei Dinge zu achten: »1. Wie geben andere ihr Wissen weiter – können sie komplexe Sachverhalte verständlich kommunizieren? 2. Wie können sie dich weiterbringen? 3. Wie viel fordern sie von dir?«

Über den Weg zum Erfolg äußert Harald folgende Gedanken:

> »Du musst dir Fortschritt auch verdienen. Das erfordert harte Arbeit. Um richtig, richtig gut in etwas zu sein, musst du den nötigen Einsatz bringen und bereit sein, Schüler zu sein, bevor du irgendwann Meister werden kannst. Auf diesem Weg gibt es keine

Abkürzungen. Ich habe in meinem Leben mehr als eine Millionen Akupunkturnadeln gesetzt und treffe nur deshalb immer den richtigen Punkt. Das ist mit einer harten Schule und Misserfolgen verbunden, aber nur so kannst du lernen.«

»Was heißt Erfolg für dich?«

»Erfolg heißt, häufiger aufzustehen als hinzufallen. Erfolgreich bist du, wenn du trotz aller Knüppel, die dir auf deinem Weg zwischen die Beine geworfen werden, nicht liegenbleibst, sondern aufstehst und weitermachst. Dann bist du erfolgreich. Die meisten sind nicht erfolgreich, weil sie nicht fleißig genug sind. Talent gehört dazu, aber das haben viele; entscheidend sind der Fleiß und die Bereitschaft, die Lösung zu suchen und nicht über das Problem zu jammern. Mich interessiert nicht, wie und warum etwas nicht geht, sondern wie es sonst gehen könnte, welche anderen Lösungswege es gibt. Wir stehen ständig an einem Punkt, an dem wir uns fragen: Wie geht es denn jetzt nur weiter? – Nicht lange lamentieren, sondern nach einem Lösungsansatz suchen und so lange nachdenken und ausprobieren, bis du die Lösung gefunden hast.«

Dem ist nichts hinzuzufügen.

IMPULSE DER MENTOREN

- »Prüfe deinen Mentor. Es ist echt unheimlich, wer sich da draußen alles Mentor schimpft und selbst nie etwas auf die Kette gekriegt hat. Es gibt rein fachliche und menschliche Mentoren. Letztere sind oft spannender, weil diese anderen dabei helfen, sich zu strecken und mehr zu erreichen, als es sich die Person selbst zugetraut hätte.«

  Marco Janezic

- »Nimm dich und deine Umstände nicht zu ernst. Wenn du dich zu sehr stressen lässt, stoppt auch jeder Energiefluss und die Dinge hören auf zu flutschen. Es ist wichtig, auch über sich selbst lachen zu können und gleichzeitig Verantwortung für das zu übernehmen, worin man richtig gut ist. Verkauf dich nicht unter Wert, denn dann wirst du auch unter Wert gehandelt.«

  Andy Goldstein

- »Mach das, was du unbedingt machen willst, was von Herzen kommt, sonst kannst du nie erfolgreich sein und dich gut fühlen. Bilde dich in dem Bereich extrem gut aus – scheu keine Mühe. Du musst mehr können als die anderen. Was setzt dich ab? Was kannst du mehr? Was kannst du besser? Wenn du diese Frage nicht sofort beantworten kannst, hast du noch eine Menge zu lernen.«

  Prof. Dr. Harald Gumbiller

10. »AUF DEN SCHULTERN VON RIESEN STEHEN«

»Die beste Bildung der Welt besteht darin, den Meistern bei der Arbeit zuzusehen.«

Michael Jackson

Eine der vielen Lektionen, die ich von meinem Opa mitnehmen durfte, war, dass das beste Klassenzimmer oft zu Füßen einer älteren Person liegt. Er sagte mir, wenn ich immer versuchte, von Menschen zu lernen, die mehr Erfahrung haben, weiser und einen Schritt weiter sind, dann müsse sich das zwangsläufig auf mich abfärben.

Jahre später gab mir mein langjähriger Mentor Dr. John Demartini denselben Rat in Bezug auf Bücher. Er meinte, wenn ich meine Hand in einen Eimer voller Kleber steckte, würde automatisch etwas davon an meiner Hand haften bleiben, und wenn ich die besten Bücher las, verankerten sich auch unvermeidlich ein paar wertvolle Ideen in meinem Geist. Es ist nicht nur inspirierend und anspornend, von Menschen zu lernen, die ihre Sache gemeistert haben, sondern es bringt einen wichtigen Faktor mit sich: Herausforderung. Die Besten sind dadurch erkennbar, dass sie sich stets alles abverlangen, und von ihrem Umfeld und ihren Schützlingen erwarten sie oft eine ähnliche Hingabe. Das habe ich bei John seit unserem ersten Treffen am 4. Dezember 2010 immer wieder festgestellt: Er öffnet sich seinen Mentees nur bis zu dem Ausmaß, zu dem er ihre Bereitschaft und ihren Willen spürt. Wer nur ein wenig rumflachsen will, ist bei ihm an der falschen Adresse.

DR. JOHN DEMARTINI – DIE EIGENE AUFGABE FINDEN

Von John Demartini wollte ich erfahren, wie es kommt, dass manche Menschen schon in jungen Jahren sehr weit sind und welche Erfahrung er persönlich bisher mit Millennials gemacht hat:

> »Das, was uns zu fehlen scheint, treibt uns an und beeinflusst unsere Werte und Handlungen. Wenn jemand sehr früh etwas findet, das ihm viel bedeutet und sich intensiv damit befasst, kann dadurch ein Momentum entstehen, weil der gesamte Fokus und die geballte Energie katalysiert und auf diese Sache ausgerichtet werden. Ich habe es oft erlebt, dass sobald einem Menschen ein Licht aufgegangen ist und er erkannt hat: ›Das ist es; das will ich aus meinem Leben machen!‹, sich dessen Entwicklung schlagartig beschleunigte und die Person durch niemandem von ihrem Weg abgebracht werden konnte.«

Doch oft sei das Gegenteil der Fall.

> »Ich treffe häufig junge Menschen, die sich durchs Leben treiben lassen, feiern gehen, Gras rauchen und letztlich eigentlich nichts tun. Ein guter Mentor kann solchen Menschen dabei helfen, einen Zugang zu dem zu finden, was sie wirklich im Herzen bewegt, wofür sie glauben auf dieser Erde zu sein. Wenn dieser Punkt erreicht ist, erstaunen die meisten nicht nur ihre Eltern, sondern vor allem sich selbst; sie erkennen nämlich, welches Potenzial in ihnen schlummert und wozu sie in der Lage sind. Manche Menschen haben diese Erkenntnis schon sehr früh, als Kind oder als Teenager, bei anderen dauert es länger. Wenn dann noch die Komponente eines wettbewerbslustigen Umfelds hinzukommt und die Person sich beweisen will, kann die Entwicklung zusätzlich angekurbelt werden. Und wenn dann auch noch Leute im Umfeld an sie glauben und den Tatendrang wertschätzen, unterstützen und die Person auch – wenn nötig – gezielt herausfordern, entsteht eine unschlagbare Kombination.«

Zusammengefasst heißt das: Wenn du weißt, was dir wirklich wichtig ist und einen hohen Wert für dich im Leben hat, dein Umfeld dich liebevoll kitzelt, ein klein wenig mehr über dich hinauszuwachsen und du erste Erfolge verbuchen kannst, um dein Selbstbewusstsein weiter zu stärken und niemals den Glauben an dich zu verlieren, dann fängst du (in den meisten Fällen) an zu fliegen. Das haben wir in dieser Form zum Beispiel bei Joshua Kimmich gesehen. Sein Glaube war immens, sein Umfeld ähnlich fußballverrückt und erste Erfolge stellten sich ebenfalls ziemlich schnell ein. Eine gelungene Kombination.

»Es kann auch sein, dass junge Menschen einen Film sehen, ein Buch lesen oder einem Menschen begegnen, der diesen Effekt in ihnen auslöst. Oft ist es so: Wenn wir davon hören oder es live erleben dürfen, dass jemand Unglaubliches leistet und uns dadurch berührt und inspiriert fühlen, spornt es uns an, ebenfalls mehr zu geben, mehr in die Waagschale zu werfen und noch konsequenter an unseren Zielen arbeiten.[1]

Der erste Schritt für jeden Menschen ist, Klarheit über die eigenen Werte und Prioritäten zu gewinnen; also herausfinden, was einem am wichtigsten ist. Nur dann macht die Person trotz Rückschlägen weiter; nur dann wird sie sich täglich motiviert fühlen, beständig an ihrem Traum weiterzuarbeiten; nur dann, wird sie Klarheit darüber haben, was als Nächstes zu tun ist und welche Handlungen sie dem Ziel näher bringen.«

»Wissen wir es mit hundertprozentiger Gewissheit, wenn wir unsere Aufgabe gefunden haben?«

»Nicht unbedingt. Rückschläge gehören dazu und es ist normal, dass man in solchen Momenten ins Zweifeln gerät. Aber je länger du am Ball bleibst und je mehr Rückschläge du meistern und

1 Dieses Phänomen war auch der Grund, wieso ich das Buch unbedingt schreiben wollte.

überstehen konntest, umso sicherer wirst du und umso weniger lässt du dich durch irgendetwas oder irgendjemanden aus der Bahn bringen. Wenn mir jemand von seinem Traum erzählt, frage ich immer, welche Anzeichen es bereits gibt, dass er sich verwirklichen lässt. Denn das Problem ist: Die meisten bleiben ein Leben lang Träumer. Wenn es jedoch schon Anzeichen dafür gibt, dass es jemand ernst meint und es sich in seinem täglichen Tun widerspiegelt, dann weiß ich: Hier ist jemand mit einem Plan; hier ist jemand, der anpacken will und Großes bewirken wird. In so jemanden investiere ich natürlich auch gerne.«

Deshalb gilt es an dieser Stelle noch ein letztes Mal festzuhalten: Wer einen großartigen Mentor will, muss diesen spüren lassen, dass er für seine Sache brennt, bereits erste Resultate vorweisen kann, sich intensiv damit befasst und nicht nur große Töne spuckt.

»John, wie werde ich richtig gut in einer Sache?«

»Niemand kann die Rolle von harter Arbeit herunterspielen. Das gehört einfach dazu. Wenn du in etwas richtig gut sein willst, musst du bereit sein, den Preis dafür zu zahlen, den nötigen Einsatz leisten und trainieren. Das ist die Grundlage, die einfach Voraussetzung ist. Punkt. Wenn du etwas meistern willst, musst du rausgehen und es machen. Du lernst, indem du tust. Je mehr wir an unserer Fertigkeit arbeiten und üben, umso schneller kommen wir an einen Punkt, an dem wir sie nahezu perfekt beherrschen, weil es in Fleisch und Blut übergegangen ist. Wir wissen einfach, was wir tun. Wenn diese Grundlage gegeben ist, spielen weitere Faktoren eine Rolle: Unsere mentale Stärke, wie sehr wir gefordert werden, wie fokussiert und mit welcher Intensität wir an einer Sache arbeiten. Und dann ist es bei den meisten erfolgreichen Menschen so, dass es nichts anderes gibt, was sie lieber machen würden, wenn sie aufstehen. Sie können sich ihr Leben gar nicht anders vorstellen, weil sie das tun dürfen, was für sie den höchsten Stellenwert hat. Und das spüren andere, was einen großen Vorteil gegenüber Wettbewerbern darstellt: Jeder arbeitet schließlich am liebsten mit jemandem zusammen, der einen klaren Plan hat und ein inspirierendes Ziel verfolgt. Wenn die Intention rein ist und es keine versteckten Motive gibt, wird das auch so wahrgenommen. Ich kenne niemanden, der weit gekommen ist, der nicht den nötigen Einsatz dafür an den Tag gelegt hat.«

»Was würdest du Eltern raten, die ihre Kinder erfolgreich und glücklich durchs Leben gehen sehen wollen?«

»Die Grundlage besteht immer darin, herauszufinden, was dem Kind am wichtigsten ist, wie die höchsten Werte und Prioritäten des Kindes aussehen und dann gilt es, zu versuchen, immer so zu kommunizieren, dass das Kind einen Zusammenhang sieht, zwischen dem, was es täglich zu tun hat, und dem, was ihm am allerwichtigsten ist. Eltern, die ein echtes Interesse daran haben, ihren Kindern zu helfen, ihre Träume zu leben und erfolgreich durchs Leben zu gehen, schaffen das, indem sie – ohne aufdringlich zu sein – herausfinden, wofür das Herz des Kindes schlägt, das Kind nach diesen Zielen greifen lassen, es dabei unterstützen und an es glauben, ohne jemals unrealistische Erwartungen zu stellen oder die eigenen nicht gelebten Träume auf das Kind projizieren; und indem sie dem Kind immer wieder klar machen, wie das tägliche Tun zum großen Ganzen beiträgt. Das können Eltern im Normalfall deshalb gut, weil sie mehr Lebenserfahrung haben und in größeren zeitlichen und räumlichen Horizonten denken. Immer wenn Kinder, Jugendliche und junge Erwachsene (alle anderen Menschen auch) sich nicht erfüllt fühlen, mit dem, was sie tun, suchen sie nach Ablenkungen, nach Optionen, sich anderweitig stimulieren zu lassen und ihrem Alltag zu entfliehen. Aber auch in diesem Verhalten ist ein Wert für sie versteckt. Da gilt es, herauszufinden, wieso sie es tun, was sie sich dadurch erhoffen und welchen Wert sie daraus ziehen. Darin steckt dann oft das

Geheimnis, was sie tatsächlich erfüllen würde, was sie wirklich machen wollen und als ihre Aufgabe sehen.«

Laut John ist das Weiseste, das Eltern tun können, um ihren Kindern zu helfen, mehr Klarheit über ihre Ziele zu erlangen: Verantwortung übertragen und ihnen klarmachen, dass es nicht angeht, wenn sie herumlungern, nichts tun, nicht auf eigenen Beinen stehen und erwarten (finanziell) getragen zu werden.

»Das mag anfangs schwer sein, weil Eltern ihre Kinder glücklich machen wollen, aber auf lange Sicht, tun sie ihnen damit einen Gefallen, indem sie dafür sorgen, dass das Kind Verantwortung für sein Leben übernimmt und nicht von den Eltern abhängig ist. Dadurch kann das Kind schwere Entscheidungen nicht länger herauszögern und spekulieren, dass die Eltern sich schon kümmern werden. Wenn das Kind merkt, es wird von den Eltern zu einem gewissen Ausmaß unterstützt, muss aber auch selbst in die Gänge kommen, ist das ein ganz anderer Hebel. Deswegen sind Kinder von reichen Leuten auch oft antriebslos, weil sie keinen Grund sehen, aktiv zu werden, sofern sie keine Sache im Leben haben, für die sie sich begeistern können. Liebe zeigt sich auch dadurch, dass Eltern Verantwortung übertragen und sich nicht auf die Spiele der Kinder einlassen, die oft durch Bequemlichkeit motiviert sind.«

Was mich am meisten an John fasziniert und das, was er predigt, so glaubwürdig macht, ist seine persönliche Geschichte und wie Newtons Gedanke für ihn gewirkt hat. Mit 14 Jahren verließ er die Schule, weil seine Lehrerin seinen Eltern eröffnet hatte, er würde nie wirklich schreiben, lesen und analytisch denken können. Aus ihm könne ein guter Surfer werden, mehr aber auch nicht. Dazu muss man wissen: John ist Legastheniker und hatte damals große Lernschwierigkeiten. Also zog er nach Hawaii, um eine Surferkarriere zu starten. Mit 17 Jahren lag er drei Tage im Delirium, weil er toxische Früchte gegessen hatte, und wäre beinahe gestorben. Während der Entgiftungsmaßnahmen traf er seinen späteren Mentor Paul Bragg, der John zum ersten Mal den Glauben und die Überzeugung geschenkt hat, er könne (fast) alles erreichen, wenn er sich seinen Traum von niemandem ausreden ließe und beständig daran arbeitete. Das ist mehr als 45 Jahre her - und ich kenne keinen Menschen, der so kompromisslos und langfristig an seinen Zielen gearbeitet und dadurch so viele andere Menschen inspiriert und beflügelt hat, wie es bei John der Fall ist. Er hat sich auf die Schultern von Riesen gestellt und ist dadurch selbst zum Riesen für andere geworden.

DR. HENNING SCHULTE-NOELLE – SEIN, SCHEIN, SCHWEIN

Als ich Emilio Galli-Zugaro fragte, ob ich ihn für den Mentoren-Teil dieses Buchs interviewen dürfe, antwortete er bescheiden, es gebe Menschen, die wertvolleren Input für das Buch liefern könnten. Daraufhin erzählte er mir von einem seiner Mentoren, von dem er und viele andere während ihrer Laufbahn immens profitiert hatten und der immer ein großer Nachwuchsförderer gewesen war. Es handelte sich dabei um keinen Geringeren als Dr. Henning Schulte-Noelle, der zwölf Jahre lang Vorstandsvorsitzender der Allianz (1991–2003) und neun Jahre lang Aufsichtsratsvorsitzender der Allianz (2003–2012) war.

Mit Emilios Hilfe erhielt ich tatsächlich die Gelegenheit, Dr. Schulte-Noelle zu treffen, um mit ihm über seine Erfahrungen, Mentorship und die junge Generation zu sprechen. Er ist trotz seiner erfolgreichen Karriere sehr bescheiden und interessiert, klar in seiner Sprache, reflektiert in seinen Aussagen - und er strahlt eine angenehme Wärme aus, trotz seiner respekteinflößenden Aura.

»In den 1990er Jahren haben wir einige Programme aufgebaut, um unsere fähigsten Führungskräfte weiterzubilden und dem

Mangel an talentierten Führungspersönlichkeiten vorzubeugen. In diesem Kontext wurde ich immer gefragt: Wie macht man denn Karriere? Sagen Sie uns doch bitte, wie das geht. Ganz salopp gesprochen, habe ich oft geantwortet: Ein bisschen Sein, ein bisschen Schein und ein bisschen Schwein. Sein: Man muss schon genug draufhaben und Leistung bringen, damit andere überhaupt auf die Idee kommen, es sei sinnvoll, dass man gefördert wird. Da wird einem nichts geschenkt. Das ist auch meine Erfahrung gewesen. Ich musste mir alles hart und fair erarbeiten und das habe ich auch jedem gesagt, der Karriere machen wollte. Niemand beginnt an der Spitze. Ich wurde lange darauf vorbereitet, habe nach und nach mehr Verantwortung übernehmen dürfen, habe Einblicke in verschiedene Geschäftsbereiche erhalten und musste auf jeder neuen Stufe erneut unter Beweis stellen, dass ich der Aufgabe gewachsen bin. Man muss zeigen, dass man sich die Beförderung zur nächsten Station auch verdient hat. Ich habe immer gesagt: Das Gefährlichste für junge, ehrgeizige Leute, wenn sie eine weitere Station durchlaufen müssen, ist zu sagen: Das ist ein Zwischenschritt und dann kommt das nächste und dann wieder das nächste und sie fangen nie an, ihren Koffer ganz auszupacken. Ich habe ihnen immer geraten: Tut so, als wäre das die letzte Station in eurem beruflichen Leben, denn nur dadurch bringt ihr euch so ein, wie das auch erforderlich ist, um die nötige Leistung zu bringen und zu beweisen, dass ihr es verdient, weiter gefördert zu werden. Immer auf der Durchreise zu sein ist Gift für die eigene Mentalität und damit auch für die Entwicklung. Schein: Man muss sich natürlich auch ein bisschen verkaufen können. Das heißt, wie man sich bewegt, wie man sich gibt und präsentiert, wie man vorträgt – das alles muss auch zu der Leistung passen, die man bringt. Je höher man kommt, umso wichtiger werden die Kommunikation und die sozialen Fähigkeiten. Schwein: Man muss auch etwas Glück haben. Ich hatte zum Beispiel das Glück, dass ich immer wieder mit Leuten zusammengekommen bin, die an mich geglaubt und gefördert haben, und ich habe die Zufälle und das Glück, das sich ergeben hat, auch zu nutzen gewusst.«

Da wären wir wieder beim Thema: Das Schicksal begünstigt einen vorbereiteten Geist. Es zahlt sich aus, wenn jemand seine Hausaufgaben konstant und sorgfältig erledigt.

»Sie haben über einen langen Zeitraum große Verantwortung getragen. Was hat Sie dabei angetrieben?«

»Das geht lange zurück bis in die Pubertät, wo man anfängt, über sich selbst nachzudenken und zu reflektieren. Ich habe mir damals fest vorgenommen: Was mir mitgegeben wurde, will ich voll und ganz ausschöpfen; mich nicht durchs Leben treiben lassen, sondern aus meinen Fähigkeiten das Bestmögliche mache. Das fing so mit 14 oder 15 Jahren bei mir an und es hat mich mein ganzes Leben lang begleitet – auch heute noch. Der Ansatz ›Mach das meiste aus dir und lass deine Fähigkeiten nicht verkümmern‹ hat mich immer am meisten angetrieben. Man lebt nur einmal und wenn man da nicht alles ausschöpft, hat man es verschenkt. Ich habe mich aber stets bemüht, diesen Ehrgeiz nach außen hin nicht an die große Glocke zu hängen, was mir im Umgang mit anderen immer zugute kam.«

»Wie sind Sie mit ihren größten Herausforderungen und schwierigen Phasen umgegangen?«

»Wenn etwas schiefläuft – und das kommt natürlich immer mal vor – gilt es, genau zu analysieren, was der Grund dafür war, was bei der Entscheidungsfindung besser hätte laufen können. Darin besteht eine große Lernchance. Gleichzeitig sollte man aber nicht zu lange zurückblicken, sondern mit der neuen Erkenntnis fragen: ›Wie gehen wir jetzt vorwärts? Welche Strategie können wir wählen, um wieder so erfolgreich zu sein, wie wir uns das vorstellen?‹

Man muss beides machen: Die Sache sauber aufarbeiten, aber dann auch schnell die gesamte Mannschaft wieder neu ausrichten und nach vorne blicken. Ein Unternehmen leiten heißt immer auch mit Risiken zu tun haben und zu wissen, dass kein Geschäft immer nur Erfolge vorweisen kann. Da darf man nicht in Selbstmitleid verfallen, wenn es zwischenzeitlich mal nicht so läuft.

Wir hatten immer wieder Führungskräfteversammlungen, wo ich über die aktuelle Geschäftssituation berichtet habe. Wenn es nötig war, habe ich bei dieser Gelegenheit auch versucht rüberzubringen, dass ich aus eigener Erfahrung weiß, wie es sich anfühlen kann, in einer bestimmten Station festzustecken und zu glauben, der weitere Aufstieg sei ins Stocken geraten. Besonders wichtig war mir allerdings immer, dass jeder von uns – und da fange ich bei mir selbst an – jeden Morgen mit der Frage ins Büro fahren muss: ›Was kann ich heute tun, um aus diesem Saftladen endlich mal ein vernünftiges Unternehmen zu machen?‹«

An dieser Stelle macht er eine kurze Pause, lacht herzhaft und fährt dann fort:

»Auf diese Aussage mit dem Saftladen bin ich auch 20, 30 Jahre später noch angesprochen worden. Das war natürlich nicht so gemeint, weil wir vergleichsweise wirklich gut dastanden, aber ich wollte klarmachen: Wenn wir uns zu lange auf unseren Lorbeeren ausruhen, kann das gefährlich werden. Wenn man sich allerdings jeden Tag dazu motiviert, zu sagen: ›Was kann ich heute tun, um ein bisschen Fortschritt zu machen?‹, dann bringt das uns alle voran. Ich wollte immer, dass sich unsere Leute die Frage stellen: Was kann man noch besser machen?«

»Emilio Galli-Zugaro hat mir erzählt, dass Sie ihn und viele weitere Kollegen gefördert hätten und in der eigenen Entwicklung zur Seite standen. Was macht für Sie einen guten Mentor aus?«

»Das fängt damit an, dass man gerne mit jungen Leuten zu tun hat. Wenn das nicht gegeben ist, wird es schwierig. Das ist die erste ganz wichtige Voraussetzung. Das Zweite ist: Offenheit gegenüber der jungen Person. Das beginnt damit, dass man klarmacht, das einem nichts geschenkt wird, dass man nicht weiterkommt, nur weil man jemanden kennt, sondern dass immer die Leistung zählt. Jeder muss wissen: Es gilt für alle das Gleiche – Leistung und Einstellung müssen stimmen, damit man weiterkommen kann. Da haben viele falsche Vorstellungen und glauben: ›Ich muss nur den oder den kennen, dann läuft das schon.‹ Durch diese Offenheit verschafft man sich Glaubwürdigkeit und dadurch kann Vertrauen entstehen.

Dann geht es darum, darüber zu sprechen, was gut klappt, was nicht so gut klappt; wo Stärken und wo Schwächen bestehen; wie damit am besten umgegangen wird; wie kann man Stärken eventuell noch ausbauen. Mir lag immer daran, dass Leute nicht nur eindimensional denken. Mir war auch wichtig zu sehen, ob jemand mal rechts oder links etwas gemacht hat und nicht immer nur den geraden Weg gegangen ist. Das habe ich auch immer bei Beförderungen und Einstellungen berücksichtigt, weil es dir signalisiert, wie weit der Horizont einer Person wirklich ist.

Denn eines sehe ich heute immer noch und das sehe ich besonders kritisch an Ihrer Generation: Heute konzentrieren sich viele junge Menschen auf ihren Job, die Freizeit und die Familie – der Blick nach rechts und links, ein politisches Interesse und ein Interesse am Weltgeschehen gehen zunehmend verloren. Es wird sich nur noch pseudomäßig informiert, die Hintergründe und Abgründe, die Tiefen eines Themas werden kaum noch erschlossen – bis auf wenige Ausnahmen. Und dann wird ernsthaft geglaubt, man wüsste Bescheid und hätte den Durchblick.

Das war für mich immer wichtig: Wie interessiert ist jemand an seinem Umfeld? Wenn kein Interesse vorhanden ist, zweifle ich stark daran, dass diese Person für eine höhere Position gut geeignet ist. Denn je höher die Positionsebene, umso mehr kommt es auf Persönlichkeitsmerkmale an, und dazu gehört auch die Fähigkeit, die Welt in ihrer Komplexität wahrzunehmen und politische und kulturelle Aspekte bei bestimmten Entscheidungen zu berücksichtigen.«

»Wie finde ich einen guten Mentor und wie kann ich die Beziehung zu ihm am besten nutzen?«

»Das Erste, was ich immer versucht habe rüberzubringen, war: Glaubt an euch selbst und vertraut auf euch selbst. Nehmt jede Gelegenheit zu lernen wahr, aber verliert nie euren eigenen Kopf; werdet nicht zu leicht beeinflussbar. Man muss die eigene Persönlichkeit für sich auch bewusst so entwickeln, dass man die richtige Balance findet. Dann geht es darum, aktiv zu sein und Initiative zu ergreifen. Ohne auf jemanden zuzugehen wird sich kaum ein Mentor finden. Man muss die richtige Form finden und auf Leute zugehen, dann wird man auch auf offene Türen stoßen.

Ich habe zum Beispiel einmal an einer Privatuni einen Vortrag gehalten und danach kam ein junger Mann auf mich zu und fragte mich, ob ich sein Mentor werden könnte. Ich war zuerst sehr erstaunt, weil es keine Verbindung zwischen uns gab und wir uns vorher nicht kannten, aber ich habe ihm ein Gespräch angeboten. Er hat dann immer den Kontakt gehalten und mir hat es damals einfach imponiert, dass er sich getraut hat, mich anzusprechen. Man muss aber darauf gefasst sein, dass das nicht immer klappt und sollte sich nie entmutigen lassen.«

Abschließend möchte ich von Dr. Schulte-Noelle noch wissen, was Erfolg für ihn bedeutet und was er jungen Menschen mit auf den Weg geben möchte.

»Erfolgreich sein, bedeutet für mich zwei Dinge und ich betone dieses Zwei. Erstens: sich ein Stück weit selbst verwirklichen – dass ich das, was ich mache, auch gerne mache und alles aus meinen Talenten und Fähigkeiten heraushole. Zweitens: einen nützlichen Beitrag für die Gesellschaft leisten. Das habe ich immer versucht zu leben: mich einzubringen, wo ich kann, und etwas zu bewirken.

Was würde ich jungen Menschen mit auf den Weg geben? Die richtige Balance behalten – das ist nicht einfach und lässt sich viel leichter sagen als leben. Egal wie viel man um die Ohren haben mag, die wichtigsten zwischenmenschlichen Beziehungen dürfen darunter nicht leiden. Ich habe mich immer darum bemüht, den Menschen in meinem engsten Kreis, so oft es geht, meine ungeteilte Aufmerksamkeit zu schenken. Die Nähe und die Vertrautheit, die dadurch entstehen, wirken heute noch nach.«

DR. ULRICH BAUHOFER – MIT DEM INNEREN VERBUNDEN SEIN

Dr. Ulrich Bauhofer ist Mediziner, mehrfacher Autor, Meditationstrainer, Ausbilder und Förderer anderer Ärzte und er ist der Mentor vieler erfolgreicher Millennials in unterschiedlichen Bereichen sowie von Personen aus dem öffentlichen Leben und in hohen Führungspositionen. Mit großem Erfolg hat er ayurvedische Kliniken in Deutschland aufgebaut und in einer interdisziplinären Forschungsgruppe in der Schweiz mit Wissenschaftlern aus aller Welt das Thema Gesundheit und Bewusstsein intensiv untersucht. Außerdem ist er eines meiner Vorbilder, weil er lebt, was er lehrt und durch eine unnachahmliche geistige Präsenz und Klarheit besticht. Er stand lange selbst auf den Schultern eines Riesen, wie er mir erzählte.

Seine Arbeit ist für Millennials und vor allem die nachfolgenden Generationen von grundlegender Bedeutung. Er spricht darüber, dass wir unsere Aufgabe und das, was wir aus unserem Leben machen wollen, nur schwer erkennen und leben können, wenn wir aufgrund der bestehenden Reizüberflutung den Zugang zu uns selbst verlieren. »Das Smartphone spielt eine wesentliche Rolle dabei«, sagt er. »Das merkt man daran, wie Leute reagieren, wenn ihr Telefon mal weg ist. Man fühlt sich fast schon amputiert, weil man glaubt, nicht mehr länger online mit der Welt zu sein. Wenn man permanent online mit der Außenwelt ist, dann ist man mit dem eigenen Inneren offline.«

In unserer schnelllebigen Welt den Zugang zu unserem Inneren zu bewahren, ist eine große Herausforderung. Da wir andauernd online und mit der ganzen Welt in Kontakt sind, uns durch die moderne Technik mit allem verbunden fühlen und dadurch ein Zugehörigkeitsgefühl entsteht, kann unsere Innensicht leicht verloren gehen. Nur wer sich selbst spürt und wahrnimmt, ist empfänglich für die Botschaften seines Geistes und seiner Intuition. Nur so können wir herausfinden, wofür wir brennen, was wir als unsere Aufgabe ansehen und wofür wir glauben, hier zu sein. Dass dies von entscheidender Bedeutung ist, haben wir bei jedem jungen Überflieger und von den anderen Mentoren oft genug hören dürfen. Darüber, wie wir es schaffen, den Zugang nach innen und die Verbindung mit uns selbst zu stärken, habe ich mit Dr. Ulrich Bauhofer gesprochen.

> »Wir stehen heute vor dem Problem, dass der Stress immer mehr zunimmt und wir immer mehr von uns erwarten. Die Weltgesundheitsorganisation hat erklärt, dass Stress die größte gesundheitliche Bedrohung dieses Jahrhunderts ist und sein wird. Die Frage ist nur, wie wir das empfinden, weil Stress fast immer eine subjektive Wahrnehmung ist und keine Klarheit herrscht, was Stress überhaupt ist. Was für den einen Stress ist, stellt sich für den anderen als eine stimulierende Herausforderung dar.
>
> Meiner Erfahrung nach spielen vier Aspekte eine zentrale Rolle:

- **Druck:** Da kommt der Begriff Stress auch her – aus der Werkstoffkunde. Er beschreibt, den Prozess der Belastung eines Materials, bis es bricht. Erst in den 1930er Jahren wurde der Begriff in die Medizin eingeführt. Wir setzen uns heute selbst enorm unter Druck. Dazu gehört: Erfolgsdruck, Leistungsdruck, Zeitdruck, finanzieller Druck, Beziehungsdruck, beruflicher Druck, privater Druck. Jede Form von Druck, die wir empfinden, hat automatisch mit Stress zu tun.
- **Geschwindigkeit und Beschleunigung:** Das Leben ist unheimlich rasant geworden und beschleunigt sich immer weiter. Menschen, die vor 200 Jahren gelebt haben, haben in etwa sieben Jahren das erlebt, was heute jeden Tag auf uns einwirkt. Da muss uns klarwerden, dass unser Gehirn einer enormen Belastung ausgesetzt ist. Dadurch wird die Festplatte in unserem Kopf schnell voll. Das merke ich oft bei Patienten, die davon berichten, wie oft sie etwas vergessen. Mit den dramatischen Veränderungen unseres Lebens klarzukommen, ist eine ganz große Herausforderung und ein großer Stressfaktor.
- **Komplexität:** Das Leben ist heutzutage nicht mehr einfach und die Komplexität nimmt immer mehr zu. Damit muss man auch erst einmal umgehen können.
- **Lärm:** Das Leben ist heute nicht mehr ruhig. Die Stille fehlt – ein weiterer Stressfaktor.

Diese vier Punkte sind ausschlaggebend dafür, dass wir uns heute nicht mehr spüren und der Zugang zu uns selbst verloren geht. Die einzige Möglichkeit dem entgegenzuwirken, ist letztlich die Ruhe und innere Entschleunigung. Wenn es immer schneller geht und immer lauter wird und der Druck immer weiter zunimmt, wird der Stressreflex in unserem System fortwährend aktiviert. Wenn das der Fall ist, entsteht chronischer Stress, der heute auch toxischer Stress genannt wird, und das macht uns krank. Das sieht man beispielsweise daran, dass mittlerweile mehr als eine Milliarde Menschen auf diesem Planeten unter Bluthochdruck und 80 Prozent der Erwerbstätigen in Deutschland unter Schlafstörungen leiden. Das kommt hauptsächlich durch Stress zustande.«

»Sie sprechen oft davon, dass wir große Ziele nur erreichen können, wenn wir die nötige Energie dafür aufbringen können – auf langfristige Sicht. Wie gelingt uns das?«

»Das lässt sich schön mit Geld vergleichen. Wenn ich immer mehr ausgebe, als ich einnehme, bin ich irgendwann pleite. Wenn ich beständig mehr Energie aufbringe und in Dinge stecke, als ich sie mir zurückhole, und mein Energiekonto nicht wieder auffülle, dann bin ich auch irgendwann energetisch insolvent. Das heißt, wir sind müde, schlapp, haben keine Motivation, sind uninspiriert, müssen uns zu allem zwingen und haben keine Lebensfreude mehr. Freude hängt immer mit Energie zusammen. Wenn ich müde bin, empfinde ich keine Lebensfreude; die empfinde ich nur dann, wenn ich voller Energie bin.

Vielen Menschen geht es heute so, dass sie sagen: ›Von außen betrachtet ist eigentlich alles gut, sogar perfekt, aber ich kann mich nicht mehr richtig freuen.‹ Dafür ist das Leben nicht da. Ich glaube, wie Aristoteles es einmal schön gesagt hat, dass der Zweck des Lebens die Ausdehnung des Glücks ist. Wenn wir aber so viele Dinge tun, die dazu führen, dass wir unglücklicher werden und unsere Lebensfreude verlieren, obwohl wir vielleicht unsere materielle Situation verbessern konnten, dann ist unser Tun wertlos. Letztlich geht es für jeden darum, seine Lebensfreude zu mehren. Das gelingt uns dadurch, dass wir Sinn in unserem Handeln sehen und auf unseren Körper und unseren Geist hören.«

»Was empfehlen Sie uns jungen Menschen? Was können wir machen, um eine Balance zu halten und uns trotz großer Ambitionen nicht selbst zu verlieren?«

»Mein spiritueller Meister und Mentor, Maharishi Mahesh Yogi, von dem ich selbst am meisten lernen und den ich zehn Jahre lang begleiten durfte, hat mir in einer wegweisenden Lebenssituation einmal folgenden Rat gegeben, und das habe ich auch zu meinem Lebensmotto erkoren: ›Never base your life on the opinion of other people – Mach nie die Meinungen anderer Menschen zur Grundlage deines Lebens.‹ Das ist ein ganz wichtiger Punkt: Sein Leben nicht danach auszurichten, was gesellschaftliche Normen sind – viel Geld verdienen, einen angesehenen Job ausüben et cetera –, sondern sich zu fragen ›Warum bin ich denn eigentlich hier?‹ Platon hat dazu gesagt: Es gibt einen Platz, den du füllen musst, den niemand sonst füllen kann, und es gibt etwas für dich zu tun, was kein anderer tun kann. In den Texten des Yoga nennt man das *dharma*. Das bedeutet so viel wie seine Berufung zu finden; herauszuspüren, was die eigene Aufgabe ist, was man mit dem eigenen Leben machen möchte. Ich glaube, das ist der entscheidende Faktor. Hinzu kommt, diesen Weg dann auch einzuschlagen und es sich zuzutrauen, statt nur so zu handeln, wie es von einem erwartet wird, oder seinen Fokus auf andere zu richten und zu schauen, ob andere besser sind. Wer sich dauernd vergleicht, kann kein gutes Leben führen. Die Leberzelle vergleicht sich auch nicht mit der Fettzelle und die Muskelzelle ärgert sich nicht darüber, dass sie ständig auf die Reize der Nervenzelle zu reagieren hat. Jeder Teil des Organismus erfüllt seine Aufgabe und dadurch entsteht eine Verbundenheit in unserem Körper. Wir müssen verstehen, dass wir einen Teil für eine Ganzheit leisten. Indem wir das tun, wofür wir uns entschieden und was wir als unsere Aufgabe erkannt haben, leisten wir den bestmöglichen Beitrag zum gesamten Organismus. Das trifft auf alle Systeme und Organismen zu; im Kleinen wie im Großen.

Wenn man seine Aufgabe gefunden hat, dann schaut man auch nicht länger auf den anderen. Um herauszukriegen, wie diese Aufgabe aussieht, müssen wir Kontakt zu unserem Inneren haben.

Wir bekommen die nötigen Impulse schon, wir müssen nur hinhören. Je mehr ich online mit dem Inneren bin, umso leichter fällt es mir, meinen eigenen Weg zu finden und zu gehen.«

Die große Kunst besteht darin, sich auf die Schultern der Riesen zu stellen und nicht in Ehrfurcht vor ihnen und ihren Leistung zu erstarren oder zu versuchen, zu einer Kopie von ihnen zu werden. Ständiges Vergleichen führt zur Strangulierung der eigenen Leistungsfähigkeit; es hält uns davon ab, unseren Weg mit letzter Konsequenz zu gehen. Die Größe, die wir in anderen Menschen wahrnehmen, überträgt sich automatisch auf uns und unser Handeln, sobald wir erkennen: Sie steckt auch in uns und wartet nur darauf, endlich freigesetzt zu werden.

EINEN GUTEN MENTOR FINDEN

Wie schon gesagt: Wer die besten Lehrer, Trainer und Mentoren haben will und von den Besten lernen möchte, muss seinen Teil dazu beitragen. Der Mentor tritt nur in unser Leben, wenn der Mentee die nötige Vorbereitung geleistet hat. Die Mentoren und Förderer von Andreas Wolff, Andreas Kunze, Fee-Gloria Grönemeyer, Sophia Thiel, Conrad Caine und Joshua Kimmich sind in deren Leben getreten, als die jungen Überflieger bereits intensiv an ihrer Sache gearbeitet und beachtliche Fähigkeiten entwickelt hatten. Ein Mentor muss sehen, dass ihm eine Person mit Herz und großer Einsatzbereitschaft gegenübersteht, um ein Interesse daran zu entwickeln, diese Person zu fördern. Oder in den Worten von Dr. Ulrich Bauhofer: »Wenn jemand für etwas bereit ist, dann erscheint auch der Lehrer oder Mentor, der ihn weiterbringt. Das ist ein Resonanzprinzip: Wir ziehen das an, was wir brauchen.«

Sobald wir unsere Hausaufgaben erledigt haben und überzeugt davon sind, unseren Wunsch-Mentor für uns gewinnen zu können, gilt es, den Ansatz von Dr. Henning Schulte-Noelle und Lencke Steiner im

Hinterkopf zu behalten: Wir müssen den Mut aufbringen und Initiative ergreifen. Wir können nicht darauf hoffen, irgendwann gefunden oder entdeckt zu werden. Der erste Schritt muss von uns ausgehen. Dabei können eine gewisse Chuzpe und Hartnäckigkeit nicht schaden. Die Besten sind nun mal gefragt, haben meist gut gefüllte Terminkalender und können deshalb nicht für jeden Zeit freischaufeln. Daher ist es ratsam, sich ein klein wenig abzusetzen, jedoch ohne dabei zu dick aufzutragen. Andy Goldstein empfiehlt diesbezüglich:

> »Suche gezielt nach Leuten, die dich inspirieren, und dann versuche alles, um mit ihnen in Kontakt zu treten. Du darfst natürlich nicht so naiv sein zu glauben, dass jeder Mensch, der dich inspiriert, sofort bereit ist, dein Mentor zu sein. Aber wenn du jemanden findest, von dem du überzeugt bist, dass er dir helfen kann, dann lohnt es sich, Zeit zu investieren und den Versuch zu starten, diese Person als Mentor zu gewinnen oder zumindest etwas Zeit mit ihr zu verbringen. Wenn du hartnäckig und lernwillig bist, wirst du auch oft von Mentoren oder anderen interessanten Persönlichkeiten, die du auf deinem Weg triffst, an andere Personen weitergeleitet und dadurch erweitert sich dein Netzwerk enorm. Wenn du jemanden wirklich finden willst, dann wirst du auch gefunden.«

Menschen, die viel erlebt und gelernt haben, sind oft daran interessiert, etwas weiterzugeben und anderen auf ihrem Weg zu helfen. Wie Andy jedoch sagte, sollten wir uns nicht entmutigen lassen, wenn nicht jeder auf Anhieb unser Mentor sein will. Der richtige Mentor kommt, wenn wir bereit dafür sind.

UND JETZT?

Erfolg ist immer ein Nebenprodukt. Schmeichelnde Bezeichnungen wie »Überflieger«, »Genie«, »Ausnahmekönner« und Ähnliches sind wie Lob, Auszeichnungen und Trophäen immer nur Nebenprodukte. Was zählt ist unsere Intention, der Wert, den wir schaffen wollen, die Spuren, die wir dadurch hinterlassen, die Bodenständigkeit, sich nicht durch die genannten Nebenprodukte die Sicht vernebeln zu lassen, und die Beständigkeit, immer weiter an sich zu arbeiten. Wer meint, er habe die Spitze erreicht, befindet sich schon wieder auf dem Pfad nach unten. Denn während er sich nicht genug daran ergötzen und nicht genug Lobeshymnen darüber hören kann, was er Tolles geleistet hat, richten viele andere ihren Fokus auf ihre Arbeit und dessen Effekt; suchen andere nach Wegen, sich konstant weiterzuentwickeln und besser zu werden.

Niemand, den wir als Außenstehender als »jungen Überflieger« bezeichnen würden, ist an diesen Punkt gekommen, weil er ein Überflieger sein wollte – er hatte weitaus Wichtigeres im Sinn. Er ist ein Überflieger, weil er die dafür notwendige Arbeit geleistet hat, nicht vor Herausforderungen zurückgeschreckt ist und seinem Wirken eine höhere Priorität eingeräumt hat als seinem Ego und seinem Stolz. Von diesen Vorbildern können wir uns eine dicke Scheibe abschneiden: uns einer Arbeit widmen, der wir so viel Bedeutung zuschreiben, dass uns kein Rückschlag, keine Kritik, keine ausbleibende Anerkennung, keine Hürde, keine Anstrengung daran hindern kann, sie ohne Wenn und Aber weiterzuverfolgen – und das obwohl uns niemand ein sicheres Resultat versprechen kann.

Mentoren, Lehrer, Förderer und Trainer können unseren Weg phasenweise beschleunigen. Unser Umfeld kann uns Rückhalt, Zuversicht, Inspiration und Halt schenken. Der Gescheiterte, der wieder aufgestanden ist, kann uns zeigen, welchen Effekt Resistenz, Widerstandsfähigkeit und die bewusste Reflexion in Krisenzeiten haben können, und dass das Leben trotz aller Niederlagen und Rückschläge weitergeht. Positive Beispiele können verdeutlichen, was durch Hartnäckigkeit, Fleiß, Einsatz, Durchhaltevermögen, Demut und einen unbeirrbaren Glauben möglich ist.

Doch eines kann uns niemand abnehmen: Unseren Weg können nur wir selbst gehen. Wie wir ihn gehen, ist eine Wahl, die wir nicht nur einmal, sondern immer wieder treffen dürfen. Wir können entscheiden, welche Richtung wir einschlagen und wie wir mit allen Reiseumständen umgehen. Das ist das größte Geschenk, das uns zuteilwurde.

IMPULSE DER MENTOREN

- »Werde dir wirklich klar darüber, was dir am allerwichtigsten ist. Stell dir jeden Tag die Frage: ›Was kannst du tun, um dem einen Schritt näher zu kommen?‹ Finde heraus, wie du dadurch leben kannst, damit du alles andere delegieren kannst und bleib deinen eigenen Werten und Prioritäten treu. So baust du Momentum auf und kannst der Beste in deinem Feld werden. Du hast die meiste Freude und strahlst die meiste Lebensenergie aus, wenn du das tust.«

  Dr. John Demartini

- »Meiner Ansicht nach muss es immer eine dritte Säule im Leben geben: Die erste Säule ist die Familie, die zweite Säule ist der Beruf und die dritte Säule ist irgendetwas anderes, womit man sich gerne beschäftigt und wobei man nicht über Familie und Beruf nachdenkt – wenn das nicht gegeben ist, wird man eng und tut sich deutlich schwerer mit der Wirklichkeit, die uns umgibt, zurechtzukommen.«

  Dr. Henning Schulte-Noelle

- »Den eigenen Traum und die eigene Bestimmung leben und sich nicht einschüchtern lassen. Das tun, was die eigene Lebensfreude erhöht. Wenn wir uns nicht mehr freuen können, sind wir ganz sicher auf dem falschen Weg. Wenn wir unseren Traum immer aufschieben, schieben wir auch das Glücklichsein auf.«

  Dr. Ulrich Bauhofer

NACHWORT: DAS VERSPRECHEN – GIVING BACK

»Der Sinn unseres Lebens besteht darin, die Qualität des Lebens der Menschen dieser Generation, sowie den Menschen der darauffolgenden Generationen, zu steigern.«

Buckminster Fuller

Im Oktober 2015 ging Emilio Galli-Zugaros Zeit als Kommunikationsleiter der Allianz nach 23 Jahren zu Ende. Er hatte noch einiges zu klären, sein Terminplan war voll wie eh und je und trotzdem nahm er sich die Zeit, meinen Bruder und mich zum Mittagessen zu treffen. Obwohl es eine bewegte Zeit für ihn war, begegnete er uns ruhig und gelassen, wollte hören, was sich in unserem Leben seit dem letzten Treffen getan hatte, und wie immer fragte er: »Was kann ich tun? Wie kann ich euch weiterhelfen?«

Das erste Mal live erlebt hatte ich ihn bei einem Vortrag auf einer Konferenz in Luzern im Oktober 2011. Ich war damals schon sehr angetan gewesen von seiner Art zu kommunizieren und auf Menschen einzugehen. Persönlich kennenlernen durfte ich ihn drei Jahre später. Er empfing mich im Hauptgebäude der Allianz und schaffte es, mir meine leichte Nervosität durch eine lustige Anekdote direkt zu Beginn des Gesprächs zu nehmen. Emilio ist es seitdem in jedem Gespräch gelungen, den Effekt zu erzeugen, der einen guten Mentor ausmacht: Nach jedem Treffen hatte ich das Gefühl, es gebe keine

Limitationen und ich könne guten Gewissens noch größer träumen und handeln.

Unser Gespräch im Oktober 2015 ist mir allerdings in ganz besonderer Erinnerung geblieben. Ich bin mir nicht sicher, ob ich einen besseren Zuhörer und angenehmeren Gesprächspartner als Emilio kenne. Er hört so interessiert zu, dass man das Gefühl bekommt, als erzähle man gerade das wichtigste Geheimnis über den heiligen Gral. Er gab uns wertvollen Input, versprach, uns mit einer anderen inspirierenden Person aus seinem Netzwerk in Verbindung zu bringen, und erst dann erzählte er ein wenig von sich.

Da ich wieder mal einen besonderen Energieschub durch den Austausch und die Möglichkeiten, die sich dadurch auftaten, erhielt und mich beflügelt fühlte, konnte ich mich nicht zurückhalten und sagte zum Ende des Gesprächs: »Emilio, wenn ich mal Kinder haben sollte, dann wünsche ich ihnen allen voran eine Sache: Ich wünsche ihnen, dass sie auch so ein Glück haben wie ich, und wenn sie in meinem jetzigen Alter sind, einen Mentor wie dich finden.«

Emilios Antwort werde ich nie vergessen: »Nein, nein«, sagte er. »Das ist nicht der Deal. Der Deal ist: Wenn du etwas älter bist, dann gibst du das Geschenk weiter und hilfst anderen.« Diese Aussage bringt alles, was ich mit diesem Buch bewirken wollte auf den Punkt. Es gäbe keine Überflieger, egal ob Jung oder Alt, wenn ihnen nicht irgendjemand im Leben etwas gegeben hätte. Das Leben wäre trist und bedeutungslos, wenn unser Dasein keine Rolle für andere spielen würde. Wäre uns jeder Mensch gleichgültig gegenüber gestimmt, würden wir diese Tortur nicht lange aushalten. Niemand blickt zurück und ärgert sich darüber, dass er zu vielen Menschen eine Stütze war; dass er von Herzen gegeben und dadurch das Leben anderer reicher gemacht hat; dass er seinen Teil dazu beigetragen hat, dass seine Mitmenschen ihre Zeit mit mehr Lebensfreude auskosten durften.

Erfolgreiche Menschen, wie ich sie hier beschrieben habe, sind deshalb erfolgreich, weil sie anderen Menschen dabei helfen, ebenfalls erfolgreich zu sein. In jedem Teil dieses Buchs und in fast jedem Interview spiegelte sich dieser Gedanke wider. Der springende Punkt ist: Wir dürfen nicht warten, bis wir aus eigener Sicht erfolgreich sind, um anderen auf ihrem Weg zum Erfolg zu helfen. Denn dadurch verwechseln wir Ursache und Wirkung. Wir werden erfolgreich, indem wir anderen vorher schon helfen.

Das ist mein Wunsch und mein Appell an dich: Reich das Geschenk weiter und gib von Herzen!

Jonathan

DANK

Als Allererstes möchte ich mich bei den zahlreichen Menschen bedanken, die unmittelbar an diesem Projekt mitgewirkt haben. Ohne das Vertrauen der jungen Überflieger gäbe es dieses Buch nicht. Ich bin euch unendlich dankbar, dass ihr mir Einblick in eure Gedankenwelt gewährt und mir eure Geschichten anvertraut habt. Es war mir eine Freude und große Ehre, mit euch zu arbeiten und das Schreiben über euch hat mich tief bewegt und inspiriert. Ich hoffe, euch mit diesem Werk das Vertrauen zurückzahlen zu können. Danke, Philipp von der Wippel, Kontra K, Philipp Stein, Lencke Steiner, Delia Fischer, Conrad Caine, Jannike Stöhr, Joshua Kimmich, Sebastian Kurz, Fee-Gloria Grönemeyer, Paula Schwarz, Andreas Wolff, Sebastian Klussmann, Dario Müller, Chris Tall, Masha Sedgwick, Andreas Kunze und Sophia Thiel. Von ganzem Herzen wünsche ich euch weiterhin alles Gute und freue mich auf die nächste Begegnung.

Besonderer Dank geht natürlich auch an Anne Koark und Attila von Unruh, mit denen ich über das Thema Scheitern und den Umgang mit Rückschlägen sprechen durfte, sowie an die Mentoren und Förderer von uns Millennials. Danke, dass ihr an uns glaubt und wir von eurem Erfahrungsschatz lernen und profitieren dürfen. Marco Janezic, Andy Goldstein, Prof. Dr. Harald Gumbiller, Dr. John Demartini, Dr. Henning Schulte-Noelle und Dr. Ulrich Bauhofer – die Gespräche mit euch waren von unschätzbarem Wert und ich danke euch, dass ihr euch die Zeit genommen habt, euer wertvolles Wissen weiterzugeben.

Danke, Emilio Galli-Zugaro. Danke für dein offenes Ohr, deine vielen unbezahlbaren Impulse, dein Vertrauen, deinen Weitblick und dein Vorwort. In meinem Leben hast du große Spuren hinterlassen.

Vielen Dank an alle, die mir ihr Hirnschmalz zur Verfügung gestellt haben, als es darum ging, wie das Buch am besten aufgebaut sein sollte, was noch besser gemacht werden kann, wer unbedingt in den ersten Teil gehört und was aus Leserperspektive am ansprechendsten sein könnte. Danke, dass ihr euch als Probeleser angeboten habt (beziehungsweise dass ihr so freundlich wart, meine Bitte nicht auszuschlagen), mir mit eurem Netzwerk ausgeholfen und das Buch im Geist begleitet habt. Danke Marcel Megerle, Steffen Freckmann, Kevin Schmutzler, Lydia Wrensch, Vanessa Hensel, Sebastian Hess, Jan Köppen, Sebastian Büttenbender, Michael Schneider, Jonas Geißler, Mattis Weiler, Martin Rieger, Dr. Alexandra Hildebrandt, Ramin Waraghai, Carlo Reumont, Valentin Kamm und Marcel Hagmann. I owe you!

Danke, Katharina Lex, Timo Witte, Stefan Klein, Julius Häret, Fabian Kneißl, dass ihr euch die Zeit genommen habt, mit mir darüber zu sprechen, was sich junge Leser von einem derartigen Buch erhoffen.

Danke, Lianne Kolf, Simone Hasselmann und eurem Team, für den tollen Umgang, den Glauben an meine Projekte und die Zusammenarbeit.

Großer Dank geht an den Redline Verlag, meinen Ansprechpartner Michael Wurster und das ganze Team, für die Umsetzung dieses Buchs und die Überzeugung, dass wir es gemeinsam erfolgreich auf die Straße bringen.

Und: Danke an meine Familie, die mich immer unterstützt und einen einmaligen Rückhalt bietet.

LITERATURVERZEICHNIS

Amen, Daniel: Change your Brain, Change your Life. Three Rivers Press, New York, 1998.

Aristoteles: Physics: Great Books of the Western World, Second Edition, Volume 7, 1990.

Beckett, Samuel: Molloy. Suhrkamp, Berlin, 2001.

Buffet, Warren: Das Leben ist wie ein Schneeball. FinanzBuch Verlag, München, 2008.

Curie, Eve: Madame Curie: Eine Biographie. FISCHER Taschenbuch, Frankfurt am Main, 29. Auflage, 1983.

Dobelli, Rolf: Die Kunst des klaren Denkens. 52 Denkfehler, die Sie besser anderen überlassen. Hanser Verlag, München, 2011.

Drucker, Peter: The Effective Executive. Effektivität und Handlungsfähigkeit in der Führungsrolle gewinnen. Franz Vahlen Verlag, München, 2014.

Duhigg, Charles: The Power of Habit. Why We Do What We Do, and How to Change. Random House Books, München, 2013.

Einstein, Albert: Einstein sagt: Zitate, Einfälle, Gedanken. Piper Taschenbuch, München, 2007.

Emerson, Ralph Waldo: Essays. Diogenes Verlag, 4. Auflage, Zürich, 2003.

Ericsson, Anders: The Road to Excellence. The Acquisition of Expert Performance in the Arts and Sciences, Sports and Games. Lawrence Erlbaum Associates, New Jersey, 1996.

Ericsson, Anders: Peak. How all of us can achieve extraordinary results: Vintage Random House, London, 2016.

Ford, Henry: My Life and Work. An Autobiography. Thousand Oaks: BN Publishing, 2008.

Frankl, Viktor: ... trotzdem Ja zum Leben sagen. Ein Psychologe erlebt das Konzentrationslager. Dtv Verlag, München, 1998.

Frankl, Viktor: Was nicht in meinen Büchern steht. Lebenserinnerungen. Beltz, 7. Auflage, Weinheim, 2015.

Freud, Sigmund: Das Ich und das Es. Metapsychologische Schriften. Fischer Taschenbuch, 4. Auflage, Frankfurt am Main, 2009.

Gallwey, Timothy: The Inner Game of Tennis. The ultimate guide to the mental side of peak performance: Pan Books, London, 2015.

Goldsmith, Marshall: What got you here, won't get you there. How Successful People Become Even More Successful. Hachette Books, New York, 2014.

Goleman, Daniel: Emotional Intelligence. Why it can matter more than IQ. Bloomsburry, London, 1996.

Goleman, Daniel: Focus! The Hidden Drive of Excellence. HarperCollins Publishers, New York, 2013.

Greene, Robert: Mastery. London: Profile Books, 2012.

Hesse, Hermann: Siddhartha. Suhrkamp, 8. Auflage, Berlin, 2004.

Hill, Napoleon: The Law of Success. The Master Wealth-Builder's Complete and Original Lesson Plan for Achieving Your Dreams. Penguin Group, New York, 2008.

Hill, Napoleon: Think and Grow rich. Radford: Wilder Publication, 2007.

Jobs, Steve: Stanford Commencement Speech, 2005.

Kahnemann, Daniel: Schnelles Denken, Langsames Denken. Siedler, 23. Auflage, München, 2012.

Keller, Gary: The One Thing: The Surprisingly Simple Truth Behind Extraordinary Results. Bard Press, Austin, April 2013.

Kierkegaard, Sören: Entweder – Oder, Teil I und II. dtv Verlag, München, 2005.

Krüger, Ralph: Teamlife. Über Niederlagen zum Erfolg. Ueberreuter Wirtschaft, Berlin, 2002.

Krzyzewski, Mike: Leading with the Heart. Coach K's Successfull Strategies for Basketball, Business, and Life. Warner Books, New York, 2000.

Malik, Fredmund: Führen, Leisten, Leben. Wirksames Management für eine neue Welt. Campus Verlag, Frankfurt am Main, 2014.

McGonigal, Dr. Kelly: The Willpower Instinct. How Self-Control Works, Why It Matters, and What You Can Do To Get More of It. Avery, New York, 2011.

Nietzsche, Friedrich: Also sprach Zarathustra. Nikol, Hamburg, 2011.

Pausch, Randy: The Last Lecture. Lehren Meines Lebens. München: Goldmann Verlag, 2009.

Platon: Politeia. Akademie Verlag, Berlin, 2011.

Rizzolatti, Giacomo: Premotor cortex and the recognition of motor actions. In: *Cognitive Brain Research 3*, Parma, 1996

Schneider, Wolf: Glück. Eine etwas andere Gebrauchsanweisung. Hamburg, Rowohlt Verlag, 2007.

Schneider, Wolf: Die Sieger. Wodurch Genies, Phantasten und Verbrecher berühmt geworden sind. Hamburg, Sternbuch Verlag, 1992.

Seligman, Martin E. P.: Learned Optimism. How to Change your Mind and Your Life. Vintage Books USA, New York, 2006.

Sharma, Robin: Der Mönch, der seinen Ferrari verkaufte: Eine Parabel vom Glück, München: Knaur Verlagsgruppe, 2008.

Swanson, Larry: The Brain Architecture. Understanding the Basic Plan. Oxford University Press, Oxford, 2012.

Thoreau, Henry David: Walden. Bantam Books, New York, 1962.

Waitzkin, Josh: The Art of Learning – An inner journey to optimal performance. Free Press, New York, 2007.